汉竹主编 • 亲亲乐读系列

辅食
每周吃什么

刘长伟 / 编著

江苏凤凰科学技术出版社
· 南京 ·

宝宝辅食添加没有绝对的顺序，
但很多新手妈妈难免会犯愁和手
足无措。为此，本书给出贴心的
每周食材添加建议，妈妈们可以
此为参考，结合自家宝宝的情况，
灵活运用。

导读

宝宝的吃饭问题是很多父母关心的大事，因为这影响到宝宝长不长个儿、营养全不全面、是不是爱生病……

很多父母都反映，在辅食阶段的食物非常难把握，既担心宝宝的进食能力，又担心营养是否足够，还要考虑宝宝爱不爱吃。但很多父母却不知道，同一种食材，如果添加的时机不对，就有可能从宝宝的"好伙伴"变成"坏朋友"。

为了让新手父母少走弯路，让宝宝吃得好长得快，根据宝宝每个阶段的发育特点和成长需求，本书制定了具体的辅食添加每周方案。作者刘长伟更是以他专业的知识，为新手父母一一解答辅食添加过程中的各种疑问。

在本书的编写过程中，作者展现了他的专业、耐心和细心。书中涉及很多儿科学与营养学交叉的问题，每一个结论，刘医师都会反复查找出处，核实资料来源，辨究正误。在刘医师看来，"宝宝成长的每一步，都来自父母恰到好处的呵护"，而他乐意做的，就是用自己的专业知识为每位父母加持智慧、为宝宝成长保驾护航。

辅食添加每周计划

母乳   配方奶

6月龄一周食谱举例

	第1顿	第2顿	第3顿	第4顿	第5顿	第6顿
周一	/		强化铁米粉糊 （见14页）	/	强化铁米粉糊 （见14页）	/
周二			强化铁米粉糊 （见14页）		强化铁米粉糊 （见14页）	
周三			强化铁米粉糊 （见14页）		强化铁米粉糊 （见14页）	
周四			鱼肉泥 （见16页）		强化铁米粉糊 （见14页）	
周五			强化铁米粉糊 （见14页）		鱼肉泥 （见16页）	
周六	/		苹果泥 （见17页）		强化铁米粉糊 （见14页）	
周日	/		强化铁米粉糊 （见14页）		苹果泥 （见17页）	/

注：此为6月龄第1周辅食食谱举例，在宝宝适应了某一种食物后，就可继续添加新的食物，并将辅食种类丰富起来。

7月龄一周食谱举例

	第1顿	第2顿	第3顿	第4顿	第5顿	第6顿
周一			蛋黄泥 （见38页）		西蓝花土豆泥 （见63页）	
周二			鳕鱼泥 （见29页）		苹果泥 （见17页）	
周三			蛋黄豆腐泥 （见41页）		红薯泥 （见23页）	
周四			猪肝泥 （见23页）		鸡肉玉米泥 （见47页）	
周五			鸡肉玉米泥 （见47页）		香蕉泥 （见15页）	
周六			蛋黄土豆泥 （见55页）		西蓝花米糊 （见45页）	
周日			番茄鱼肉糊 （见58页）		草莓泥 （见49页）	

8月龄一周食谱举例

	第1顿	第2顿	第3顿	第4顿	第5顿	第6顿
周一			肉末蒸蛋 (见66页)		二米粥 (见76页)	
周二			蛋黄豌豆糊 (见71页)		香菇鱼肉泥 (见74页)	
周三			西蓝花牛肉泥 (见72页)		大米蛋黄粥 (见83页)	
周四			香菇鱼肉泥 (见74页)		大米菠菜粥 (见81页)	
周五			银鱼山药羹 (见85页)		核桃红枣泥 (见73页)	
周六			土豆胡萝卜 肉末羹 (见67页)		卷心菜粥 (见81页)	
周日			五彩玉米羹 (见89页)		肉末菜粥 (见79页)	

9月龄一周食谱举例

	第1顿	第2顿	第3顿	第4顿	第5顿	第6顿
周一	/	/	虾仁菠菜粥 （见94页）	/	芦笋香菇羹 （见102页）	/
周二	/	/	胡萝卜瘦肉粥 （见89页）	/	玉米红薯软面 （见104页）	/
周三	/	/	白菜烂面条 （见95页）	/	蛋黄菠菜粥 （见114页）	/
周四	/	/	鱼泥豆腐 苋菜粥 （见96页）	/	小米芹菜粥 （见111页）	/
周五	/	/	番茄肉末 烂面条 （见107页）	/	绿豆粥 （见99页）	/
周六	/	/	鸡胸肉软粥 （见106页）	/	苹果猕猴桃羹 （见101页）	/
周日	/	/	牛肉香菇粥 （见108页）	/	西蓝花蛋黄粥 （见105页）	/

10月龄一周食谱举例

	第1顿	第2顿	第3顿	第4顿	第5顿	第6顿
周一	+ 苹果1块		生菜软米饭 (见119页)	+ 清甜翡翠羹 (见110页)	鸡胸肉软粥 (见106页)	
周二	+ 软米饭		西蓝花蛋黄粥 (见105页)	+ 香蕉1/2根	白菜烂面条 (见95页)	
周三	+ 猕猴桃2片		白菜肉末面 (见135页)	+ 二米粥 (见76页)	鸡肉香菇粥 (见134页)	
周四	+ 绿豆粥 (见99页)		南瓜红薯饭 (见128页)	+ 草莓3颗	蛋黄碎牛肉粥 (见137页)	
周五	+ 核桃燕麦 豆奶糊 (见121页)		番茄鸡蛋 面疙瘩 (见131页)	+ 奶香大米粥 (见87页)	青菜软米饭 (见129页)	
周六	+ 雪梨1块		红薯红枣粥 (见133页)	+ 平菇蛋花 青菜汤 (见123页)	鱼泥豆腐 苋菜粥 (见96页)	
周日	+ 生菜软米饭 (见119页)		蔬菜虾泥 软米饭 (见131页)	+ 香蕉1/2根	番茄肉末 烂面条 (见107页)	

11月龄一周食谱举例

	第1顿	第2顿	第3顿	第4顿	第5顿	第6顿
周一	+ 玉米面发糕 （见157页）	/	萝卜虾泥馄饨 （见145页）	+ 苹果1块	南瓜红薯饭 （见128页）	/
周二	+ 百合粥 （见148页）	/	蔬菜虾泥 软米饭 （见131页）	+ 葡萄5颗	番茄鸡蛋 面疙瘩 （见131页）	/
周三	+ 黑米馒头 （见157页）	/	白菜肉末面 （见135页）	+ 香蕉1/2根	鸡肉虾仁馄饨 （见155页）	/
周四	+ 玉米面发糕 （见157页）	/	肉末炒面 （见165页）	+ 橙子1/2个	白萝卜粥 （见145页）	/
周五	+ 番茄蛋黄拌饭 （见159页）	/	香菇鸡丝粥 （见125页）	+ 草莓5颗	什锦面 （见165页）	/
周六	+ 蛋黄香菇粥 （见163页）	/	三鲜馄饨 （见155页）	+ 雪梨1块	什锦烩饭 （见167页）	/
周日	+ 什锦烩饭 （见167页）	/	鳗鱼白菜粥 （见162页）	+ 猕猴桃2片	香菇肉末拌饭 （见159页）	/

12月龄一周食谱举例

	第1顿	第2顿	第3顿	第4顿	第5顿	第6顿
周一	+ 鸡肉蛋卷（见170页）	/	肉末炒面（见165页）	+ 香蕉1/2根	杂粮水果饭团（见173页）	/
周二	+ 生菜软米饭（见119页）	/	彩色糖果饺（见183页）	+ 橙子1/2个	排骨汤面（见185页）	/
周三	+ 二米粥（见76页）	/	胡萝卜虾仁炒饭（见183页）	+ 苹果1块	海苔小饭团（见193页）	/
周四	+ 玉米面发糕（见157页）	/	蛋包饭（见175页）	+ 草莓5颗	肉末炒面（见165页）	/
周五	+ 杂粮水果饭团（见173页）	/	五色蔬菜汤（见176页）	+ 雪梨1块	香菇肉末拌饭（见159页）	/
周六	+ 番茄厚蛋烧（见172页）	/	紫菜豆腐粥（见136页）	+ 猕猴桃2片	丸子菠菜面（见187页）	/
周日	+ 芝麻酱花卷（见193页）	/	蔬菜虾泥软米饭（见131页）	+ 蔬菜水果沙拉（见153页）	家常鸡蛋饼（见180页）	/

1岁以后一周食谱举例

	第1顿	第2顿	第3顿	第4顿	第5顿	第6顿
周一	胡萝卜粥 （见77页）	/ + 玉米面发糕 （见157页）	米饭 + 蒸鱼丸 （见167页） + 五色蔬菜汤 （见176页）	/ + 苹果1块	米饭 + 炒三丝 （见210页） + 百宝豆腐羹 （见109页）	/
周二	番茄鸡蛋 面疙瘩 （见131页）	/ + 海苔小饭团 （见193页）	香菇虾仁蝴蝶面 （见184页） + 时蔬浓汤 （见146页）	/ + 葡萄5颗	丝瓜里脊肉 盖浇饭 （见191页） + 山药南瓜汤 （见217页）	/
周三	三鲜馄饨 （见155页）	/ + 黑米馒头 （见157页）	米饭 + 胡萝卜丝炒鸡蛋 （见207页） + 茄汁菜花 （见204页）	/ + 香蕉1/2根	蛋包饭 （见175页） + 蔬菜水果沙拉 （见153页）	/
周四	红薯红枣粥 （见133页）	/ + 芝麻酱花卷 （见193页）	鲜虾乌冬面 （见199页）	/ + 橙子1/2个	米饭 + 蛤蜊蒸蛋 （见174页） + 青菜冬瓜汤 （见160页）	/
周五	青菜肉末面 （见141页）	/ + 番茄厚蛋烧 （见172页）	米饭 + 莴笋炒山药 （见179页） + 西蓝花鱼丸汤 （见219页）	/ + 草莓5颗	米饭 + 扁豆炒藕片 （见206页） + 蘑菇鹌鹑蛋汤 （见219页）	/
周六	萝卜虾泥 馄饨 （见145页）	/ + 西葫芦蛋卷 （见171页）	香菇蛋黄烩饭 （见198页） + 芦笋鸡丝汤 （见217页）	/ + 雪梨1块	西蓝花牛肉通心粉 （见197页） + 时蔬浓汤 （见146页）	/
周日	什锦蔬菜粥 （见139页）	/ + 鸡肉蛋卷 （见170页）	奶香核桃粥 （见213页）	/ + 猕猴桃2片	牛肉蒸饺 （见202页） + 南瓜紫菜蛋黄汤 （见98页）	/

目 录
contents

刘长伟辅食课堂

宝宝辅食添加基本原则

❶ 什么时候开始添加辅食？/2
❷ 添加辅食的信号有哪些？/2
❸ 及时优先引入富含铁的辅食 12
❹ 辅食安排在什么时间？/3
❺ 辅食怎么喂？/3
❻ 辅食必须先加谷类没依据 13
❼ 怎么判断宝宝是否适应了辅食？/4
❽ 什么时候开始给宝宝尝试"手指食物"？/4
❾ 早产宝宝什么时候开始添加辅食？/4
❿ 鼓励但不强迫进食 14

家长容易进入的辅食添加误区

⓫ 把米汤、果汁作为宝宝最初的辅食 15
⓬ 用果汁或骨头汤冲调米粉 15
⓭ 用奶瓶给宝宝喂辅食 15
⓮ 让宝宝过早吃上成人食物 15
⓯ 给宝宝喝煮过的水果汁或蔬菜汁 16
⓰ 给 1 岁以内宝宝的辅食加盐 16
⓱ 把别人家宝宝的进食量当作自己宝宝的进食标准 16
⓲ 辅食量和奶量搭配不合理 16

辅食添加过程中容易出现的问题

⓳ 添加辅食后宝宝不吃奶怎么办？17
⓴ 辅食中可以加糖吗？17
㉑ 什么时候才建议喝果汁？17
㉒ 宝宝什么时候可以吃油？17
㉓ 宝宝对辅食过敏要注意什么？18
㉔ 添加辅食后宝宝便秘怎么办？18
㉕ 宝宝腹泻时的饮食怎么安排？18
㉖ 要不要额外补充钙、维生素D、铁、锌？19
㉗ 自制婴幼儿辅食要注意哪些问题？19
㉘ 如何培养宝宝自主进食？19

宝宝辅食需要的器具

㉙ 宝宝的用具 / 10
㉚ 制作辅食的工具 / 11

红薯泥（见 23 页）

6月龄(出生180天以后)
从富含铁的米粉、肉泥开始

土豆泥(见18页)

第2周

鱼肉、苹果、土豆

鱼肉泥/116
苹果泥/117
土豆泥/118

第4周

猪肝、红薯、茄子

猪肝泥/123
红薯泥/123
茄子泥/124

6月

第1周

强化铁米粉、香蕉

强化铁米粉糊/114
香蕉泥/115

第3周

青菜、南瓜、玉米

青菜泥/119
南瓜泥/120
奶香玉米泥/121

花样
辅食

任意选

香蕉奶糊/125
苹果米糊/126
青菜米糊/127
鱼菜米糊/128
鳕鱼泥/129
玉米面糊/130
青菜玉米糊/131
土豆苹果泥/132
南瓜土豆泥/133
红薯米糊/134
苹果薯团/135

7月龄
一天安排 1~2 顿辅食

第 **4** 周

燕麦、草莓、卷心菜、
西葫芦

燕麦奶糊/148
草莓泥/149
卷心菜泥/150
西葫芦米糊/151

第 **2** 周

豆腐、番茄、山药

蛋黄豆腐泥/141
番茄鳕鱼泥/142
山药苹果泥/143

7月

花样
辅食

任意选

红薯蛋黄泥/152
鸡汤南瓜泥/153
莜麦多谷米粉/154
蛋黄土豆泥/155
蛋黄鱼肉泥/156
红薯红枣蛋黄泥/157
番茄鱼肉糊/158
山药紫薯朵/159
小米玉米糁粥/160
三色泥/161
西蓝花土豆泥/163
红薯红枣泥/163

第 **1** 周

蛋黄、菠菜

蛋黄泥 / 38
香蕉蛋黄糊 / 39
菠菜米糊 / 40

第 **3** 周

红枣、西蓝花、
鸡肉、小米

红枣泥/144
西蓝花米糊/145
鸡肉玉米泥/147
南瓜小米糊/147

西蓝花米糊（见45页）

8月龄
多尝试末状食物

鳕鱼毛豆泥（见68页）

第 **2** 周

梨、芋头、豌豆

雪梨红枣米糊 | 69
芋头泥 | 71
蛋黄豌豆糊 | 71

第 **4** 周

香菇、海带

香菇鱼肉泥 | 74
肉末海带羹 | 75

8月

第 **1** 周

猪肉、胡萝卜、毛豆

肉末蒸蛋 | 66
土豆胡萝卜肉末羹 | 67
鳕鱼毛豆泥 | 68

第 **3** 周

牛肉、核桃

西蓝花牛肉泥 | 72
核桃红枣泥 | 73

花样
辅食

任意选

二米粥 | 76
胡萝卜粥 | 77
山药粥 | 79
肉末菜粥 | 79
大米菠菜粥 | 81
卷心菜粥 | 81
海带豌豆羹 | 82
大米蛋黄粥 | 83
银鱼山药羹 | 85
苹果蛋黄玉米羹 | 85
鸡肉豆腐羹 | 87
奶香大米粥 | 87
五彩玉米羹 | 89
胡萝卜瘦肉粥 | 89

卷心菜粥（见81页）

9月龄
尝尝稠粥、软烂面条

第 4 周

红豆、芦笋、冬瓜

红豆粥 / 101
芦笋香菇羹 / 102
冬瓜粥 / 103

第 2 周

白菜、苋菜、丝瓜

白菜烂面条 / 95
鱼泥豆腐苋菜粥 / 96
丝瓜虾皮粥 / 97

9月

第 1 周

空心菜、芹菜、虾

南瓜空心菜粥 / 93
芹菜燕麦粥 / 93
虾仁菠菜粥 / 94

第 3 周

紫菜、绿豆、猕猴桃

南瓜紫菜蛋黄汤 / 98
绿豆粥 / 99
苹果猕猴桃羹 / 101

花样
辅食

任意选"

玉米红薯软面 / 104
西蓝花蛋黄粥 / 105
鸡胸肉软粥 / 106
番茄肉末烂面条 / 107
牛肉香菇粥 / 108
百宝豆腐羹 / 109
清甜翡翠羹 / 110
小米芹菜粥 / 111
红绿蛋花汤 / 112
土豆香菇鸡肉粥 / 113
蛋黄菠菜粥 / 114
大米绿豆南瓜粥 / 115

虾仁菠菜粥（见94页）

10 月龄
可以尝试软米饭了

生菜软米饭（见 119 页）

第 2 周

黑米、核桃、洋葱

红豆黑米粥 / 120
核桃燕麦豆奶糊 / 121
番茄洋葱蛋汤 / 122

第 4 周

薏米、哈密瓜

绿豆薏米粥 / 126
什锦水果粥 / 127

10 月

花样
辅食

任意选

南瓜红薯饭 / 128
青菜软米饭 / 129
番茄鸡蛋面疙瘩 / 131
蔬菜虾泥软米饭 / 131
玉米红豆粥 / 132
红薯红枣粥 / 133
鸡肉香菇粥 / 134
白菜肉末面 / 135
紫菜豆腐粥 / 136
蛋黄碎牛肉粥 / 137
什锦蔬菜粥 / 139
青菜土豆肉末羹 / 139
山药鱼肉粥 / 140
青菜肉末面 / 141

第 1 周

生菜、紫甘蓝、四季豆

生菜软米饭 / 119
彩虹牛肉糙米粉饭 / 119

第 3 周

平菇、苦瓜、黄花菜

平菇蛋花青菜汤 / 123
苦瓜粥 / 124
香菇鸡丝粥 / 125

什锦蔬菜粥（见 139 页）

11月龄
颗粒大点也不怕

第4周

鳗鱼、橙子

鳗鱼蛋黄青菜粥 / 152
蔬菜水果沙拉 / 153

第2周

金针菇、百合

什锦菜 / 147
百合粥 / 148
山药百合黑米粥 / 149

11月

花样
辅食

任意选

鸡肉虾仁馄饨 / 155
三鲜馄饨 / 155
黑米馒头 / 157
玉米面发糕 / 157
番茄蛋黄拌饭 / 159
香菇肉末拌饭 / 159
青菜冬瓜汤 / 160
南瓜牛肉汤 / 161
鳗鱼白菜粥 / 162
蛋黄香菇粥 / 163
什锦面 / 165
肉末炒面 / 165
什锦烩饭 / 167
蒸鱼丸 / 167

第1周

白萝卜、绿豆芽

白萝卜粥 / 145
萝卜虾泥馄饨 / 145
时蔬浓汤 / 146

第3周

鸭肉、栗子

什锦鸭羹 / 150
栗子瘦肉粥 / 151

什锦鸭羹（见150页）

12 月龄（1周岁）
辅食快成主食啦

西葫芦蛋卷（见171页）

第 2 周

扁豆、火龙果

番茄厚蛋烧 / 172
杂粮水果饭团 / 173

第 4 周

韭菜、茼蒿、莴笋

虾丸韭菜汤 / 177
猪肝茼蒿汤 / 178
莴笋炒山药 / 179

12 月

花样辅食

任意选

家常鸡蛋饼 / 180
芋头南瓜煲 / 181
彩色糖果饺 / 183
胡萝卜虾仁炒饭 / 183
香菇虾仁蝴蝶面 / 184
排骨汤面 / 185
白菜猪肉饺 / 187
丸子菠菜面 / 187
白菜海带鱼丸汤 / 188
番茄牛肉羹 / 189
三丁豆腐羹 / 191
丝瓜里脊肉盖浇饭 / 191
海苔小饭团 / 193
芝麻酱花卷 / 193

第 1 周

全蛋

鸡肉蛋卷 / 170
西葫芦蛋卷 / 171

第 3 周

蛤蜊、菜花、竹笋

蛤蜊蒸蛋 / 174
蛋包饭 / 175
五色蔬菜汤 / 176

杂粮水果饭团（见173页）

1岁以后
向成人饮食模式过渡

时蔬蛋饼（见 196 页）

营养主食

时蔬蛋饼 / 196
西蓝花牛肉通心粉 / 197
香菇蛋黄烩饭 / 198
鲜虾乌冬面 / 199
手卷三明治 / 200
鸡蛋紫菜饼 / 201
牛肉蒸饺 / 202
小白菜煎饺 / 203

健康菜品

茄汁菜花 / 204
虾仁西蓝花 / 205
扁豆炒藕片 / 206
胡萝卜丝炒鸡蛋 / 207
猪肉焖扁豆 / 208
秋葵拌鸡肉 / 209
炒三丝 / 210
香菇虾仁炒春笋 / 211

美味汤粥

奶香燕麦粥 / 212
奶香核桃粥 / 213
芹菜薏米粥 / 214
莲子绿豆粥 / 215
山药南瓜汤 / 217
芦笋鸡丝汤 / 217
西蓝花鱼丸汤 / 219
蘑菇鹌鹑蛋汤 / 219

鲜虾乌冬面（见 199 页）

奶香娃娃菜（见235页）

补钙补铁长高食谱

补铁

牛肉鸡蛋粥 / 223

洋葱炒猪肝 / 223

猪肉荠菜馄饨 / 224

滑子菇炖肉丸 / 225

鸡肝粥 / 226

胡萝卜猪肉汤 / 227

补锌

芥菜干贝汤 / 228

海鲜炒饭 / 229

补硒

冬瓜蛤蜊汤 / 231

柠檬煎鳕鱼 / 231

松仁海带 / 233

清烧鳕鱼 / 233

补钙

虾仁豆腐 / 234

奶香娃娃菜 / 235

番茄奶酪三明治 / 237

芝麻酱拌面 / 237

南瓜虾皮汤 / 239

香菇豆腐塔 / 239

防便秘

水果酸奶全麦吐司 / 241

什锦燕麦片 / 241

素三脆 / 243

苹果玉米汤 / 243

止咳嗽

蜂蜜炖梨 / 244

蜂蜜柚子汁 / 245

参考资料

附录

不同月龄辅食状态对比 / 247

不同月龄辅食单次用量参考 / 248

刘长伟
辅食课堂

宝宝辅食添加基本原则

什么时候开始添加辅食？

无论是世界卫生组织、美国儿科学会，还是中国营养学会，都建议给0~6个月宝宝进行纯母乳喂养，对于健康足月出生的宝宝，引入辅食的最佳时间为满6月龄（出生180天后）。此时，宝宝的胃肠道等消化器官已经相对发育完善，可消化母乳以外的多样化食物。同时，宝宝的口腔运动功能，味觉、嗅觉、触觉等感知能力，以及心理、认知和行为能力也已准备好接受新的食物。

当然，建议满6个月添加辅食，并不意味着所有的宝宝都按照这个标准，在宝宝满4个月之后，对于少数因妈妈确实母乳不足等特殊情况，可以稍微提前引入辅食，咨询医生是否可以开始添加辅食。但总的来说，辅食添加再早也不能早于4月龄，当然，也不能晚于8月龄。

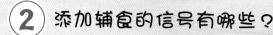 添加辅食的信号有哪些？

除了6月龄这个时间点外，该不该给宝宝添加辅食，还要看宝宝是否具备添加辅食的能力，爸爸妈妈要抓住宝宝辅食添加的一些信号，如同时具备了以下几点就可以考虑给宝宝添加辅食了。

信号1：对辅食感兴趣，当大人吃东西时，宝宝盯着看，有时还想抢食物。

信号2：学会吞咽，挺舌反射消失，不再用舌头把喂辅食的勺子顶出。

信号3：能用手抓住食物，准确放到嘴里。

信号4：能够坐稳并保持头部稳定。

及时优先引入富含铁的辅食

《中国0~6岁儿童营养发展报告》指出，2010年，6~12月龄的宝宝贫血患病率最高，农村儿童贫血患病率高达28.2%，主要原因在于辅食引入不当。满6个月以后的宝宝，出生时体内储存的铁消耗殆尽，加上母乳中含铁量较低，如未能从食物中获取足够的铁，则可能导致缺铁或缺铁性贫血。所以，及时引入富含铁的辅食非常重要，包括强化铁的谷类食物（米粉、米糊等）、肉泥、鱼泥、肝泥等，中国营养学会在《中国居民膳食指南（2016）》里也强调了这一观点。

④ 辅食安排在什么时间？

如果决定要给宝宝添加辅食，可以从一天中妈妈、宝宝都能接受的一餐开始，在宝宝不太饿的情况下进行。但如果喂辅食时，宝宝不停地哭泣或者拒绝，不要强迫他吃，可以继续喂母乳或者配方奶1~2个星期，另选时间再尝试喂辅食。

⑤ 辅食怎么喂？

刚开始尝试辅食，每次先喂一点母乳或配方奶，然后用小勺子喂一点辅食（半勺半勺地喂），最后再喂一点母乳或配方奶。这样可以避免宝宝在非常饿的时候因为不习惯辅食而闹脾气，也可以让宝宝慢慢地适用小勺子吃辅食。

但是，刚开始的时候，无论怎么喂宝宝，大多数辅食都进不到宝宝嘴里，而是被弄到脸上和围嘴上，不用着急，多点耐心，从一两勺开始，等宝宝适应了吞咽食物后，再慢慢加量。

⑥ 辅食必须先加谷类没依据

很多家长都困惑，宝宝到添加辅食的月龄了，但是第一口吃什么呢？按照传统观念，刚开始的时候会先喂谷物，如米粉，因为大米是不容易引起过敏的食物，而且易于消化吸收。

其实，并没有规定宝宝的第一口辅食一定要是婴儿米粉。如果宝宝是纯母乳喂养，可能早添加肉类会更好，而不是要等宝宝8个月以后才开荤。因为肉类中含有易于吸收的铁、锌，不少宝宝由于没有及时添加富含铁的辅食，到了8个月的时候会出现缺铁性贫血。

当然，如果给宝宝选择米粉，请确保这种米粉是强化了铁的，且这类辅食不能含盐，否则会加重宝宝的肾脏排泄负担。还需要注意的是，市售米粉可能含有牛奶和蛋清成分，部分宝宝吃了以后可能会出现过敏反应，因此，刚开始添加这些辅食时要密切观察。

7 怎么判断宝宝是否适应了辅食？

宝宝接受一种新食物要有个适应过程，最好每次只提供一种新的食物，3天之后再给宝宝尝试另一种。每次给宝宝吃一种新食物以后，要观察他的反应，看是否出现腹泻、皮疹或呕吐等。如果出现这些情况，在向医生咨询之前，停止给宝宝吃可能引起这些情况的食物。

8 什么时候开始给宝宝尝试"手指食物"？

8~9月龄，当宝宝能够独自坐起来的时候，家长就可以准备一些可以用手指抓着吃的小块状辅食，鼓励宝宝学着自己吃。但要确保给宝宝的食物都是软的，方便吞咽，而且要把食物弄成小块，以免宝宝被噎到。煮软或切成小块的胡萝卜、红薯、青豆、豌豆、鸡肉丁或者肉丁，小块的面包片以及全麦饼干等，都是不错的选择。

9 早产宝宝什么时候开始添加辅食？

早产宝宝在添加辅食时与健康足月儿没有明显区别，但在时间上有所差异，通常是在矫正月龄满6个月以后：

矫正月龄（月）=出生后实际月龄（月）-（40-出生时孕周）/4。（注意：早产儿矫正月龄用到出生后满2岁）

对于早产宝宝什么时候添加辅食，爸爸妈妈更要看宝宝的具体发育情况，不要因为早产，就总是"特别"照顾，这样反而会不利于宝宝的健康成长。

10 鼓励但不强迫进食

家长应注意控制宝宝每次进食的种类，细心观察宝宝对食物的接受状况，由宝宝自己去控制每次具体的进食量。如果宝宝每次都能将父母为其准备的奶喝完或辅食吃完，同时没有呕吐、腹泻等不适表现，家长就可以逐渐给宝宝增加奶量和辅食量，当然，也要监测体重增加情况，避免过度喂养。

相对于进食量的关注，更应该关注进食过程和喂养行为。强迫、哄骗进食，不仅不利于营养的消化和吸收，也容易诱导宝宝出现异常行为，对近期、远期身体和行为发育都不利。

家长容易进入的辅食添加误区

⑪ 把米汤、果汁作为宝宝最初的辅食

很多家长喜欢以果汁作为辅食添加的第一步，这种做法不合适。果汁含糖量非常高，且里面的维生素C等营养素在榨汁过程中有一定损失，对宝宝来说营养较少，却易使宝宝肥胖。建议不要给宝宝喝果汁，而是直接尝试果泥。

而米汤，是由大米或小米熬制成的，因为加入了大量水分，所以"生米-米饭-米粥-米汤"的营养成分是呈倍数下降趋势的，米汤对于婴儿来说是比较糟糕的辅食。建议给宝宝添加强化铁的谷类食物，如婴儿米粉或燕麦粉，调成泥糊状，用勺子喂给宝宝。

⑫ 用果汁或骨头汤冲调米粉

对于刚接受辅食的婴儿，最好先用配方奶、母乳或温开水调制米粉，婴儿米粉最好是原味不加蔗糖的，让宝宝在1岁以内养成吃原味食物的习惯。随着宝宝对辅食的逐渐接受，家长可在米粉中混入菜泥、肉汤、肉泥、蛋黄等。

⑬ 用奶瓶给宝宝喂辅食

给宝宝添加辅食不仅是为了增加营养，更重要的是让宝宝学会卷舌、咀嚼和吞咽动作，学会用匙、杯、碗等器具，最后停止母乳和奶瓶吸吮的摄食方式，逐渐适应普通饮食。所以，用奶瓶给宝宝喂辅食的妈妈，真正应该拿起的是勺子，鼓励宝宝用勺子进食，这样才能锻炼宝宝的咀嚼能力，并帮助宝宝养成良好的饮食习惯。

⑭ 让宝宝过早吃上成人食物

相比于成人食物，婴儿辅食多是原味的，过早给宝宝尝过成人吃的含盐食物，宝宝就会额外摄入盐，不但会增加肾脏排泄负担，而且有可能让宝宝更倾向于吃含盐的食物，甚至对原味食物失去兴趣。因此，为了宝宝的健康，家长不能按照自己的喜好衡量宝宝的喜好，要相信宝宝能够接受原味食物。

15 给宝宝喝煮过的水果汁或蔬菜汁

从营养学角度来说，蔬菜和水果富含维生素C、β-胡萝卜素及抗氧化的植物化学物等，但用水果或蔬菜煮水，水里的营养非常有限。宝宝这个时候需要营养密度高的辅食，这些水果汁、蔬菜汁不能作为辅食给宝宝食用。此外，水果汁或蔬菜汁还可能有农药等污染物。因此，建议给宝宝直接尝试水果泥、菜泥，而不是煮的水果汁或蔬菜汁。

16 给1岁以内宝宝的辅食加盐

世界卫生组织、中国营养学会等权威机构建议，1岁以内的宝宝不吃盐，1岁以后的幼儿也要尽量少吃盐。有的家长会问：不给宝宝吃盐，那多没有味道？其实，宝宝接受原味食物的本领超出你的想象，一旦吃了含盐食物，开始爱上加盐的食物，容易习惯"重口味"，而且摄入过多的盐还会增加肾脏排泄负担。

17 把别人家宝宝的进食量当作自己宝宝的进食标准

每个宝宝都有自己的生长发育规律，只要身高、体重在生长曲线范围内合理增加即可。早期生长过快并不意味着长大就是高个儿，反而可能意味着今后出现肥胖的概率明显增加。

不同宝宝的奶量或饭量也会有所不同。若宝宝生长正常，家长就没必要纠结宝宝吃得多一点还是少一点。只要营养均衡、生长正常，即使宝宝稍微瘦一点或胃口小一点，也不用担心。若宝宝生长缓慢，就要及时看医生，排查原因。

18 辅食量和奶量搭配不合理

辅食之所以称为"辅"食，正因为它是辅助母乳或配方奶的食品。妈妈的乳汁都是为宝宝"私人定制"的，母乳中的营养会随着宝宝的成长而变化，来满足宝宝不同时期的需求。宝宝在1岁之前，母乳仍是主要食物和营养来源。

到了该加辅食的阶段，就要及时添加辅食。但并不是说宝宝能吃辅食了，就不给宝宝吃母乳了，只是随着辅食量的增加，宝宝需要的奶量可能会下降。也有部分宝宝过分依赖母乳不肯接受辅食，这时家长要有足够的耐心，训练宝宝吃辅食。随着辅食量的增加，宝宝的奶量可能会下降，但6~12月龄宝宝，每天奶量应保持在600~1000毫升。

辅食添加过程中容易出现的问题

⑲ 添加辅食后宝宝不吃奶怎么办？

确实有一些宝宝，添加辅食以后对辅食特别感兴趣，对奶不那么感兴趣了。想要纠正宝宝不吃奶的问题，千万不要强迫宝宝喝奶，而是要适量增加一些营养丰富的辅食的量。奶量只要保持在一个相对合理的范围就可以了，同时要监测宝宝的发育情况。

⑳ 辅食中可以加糖吗？

婴儿生来就更喜欢甜味，比起白水更喜欢糖水。但纯糖属于高热量食物，任何年龄段都应该限制纯糖的摄入，1岁以内的宝宝最好不吃加纯糖的食物。

过早添加糖、盐及刺激性调味品，更容易造成宝宝挑食或厌食。而从小避免"重口味"，不仅对宝宝健康有益，还有利于宝宝养成清淡饮食的习惯。

㉑ 什么时候才建议喝果汁？

根据美国、澳大利亚等国最新有关婴儿喂养的指南，不建议1岁以内的婴儿喝果汁，1岁以后也要限制喝稀释的果汁，4岁以内每天建议果汁在120~240毫升，7岁以后每天限制在240~360毫升。

㉒ 宝宝什么时候可以吃油？

一般建议6个月以后就可以给宝宝吃油。处在生长发育中的宝宝，对食物的要求相对较高，对油的选择也不例外。建议选择α-亚麻酸含量丰富的油，如亚麻子油、核桃油、优质菜子油、大豆油、调和油等。

23 宝宝对辅食过敏要注意什么？

宝宝对某种食物是否过敏，吃之前并不知道，因此每一种食物，尤其是容易引起过敏的蛋白、鱼、虾、坚果、豆制品等，在第一次添加的时候，需少量尝试，至少观察3天，并且在这3天中，不添加新食物。如果出现过敏症状，因为量少，症状也不会很严重，但需要回避该类辅食至少3个月以上。如果没有出现过敏症状，则一点点加量，并继续观察会不会过敏。

以前依据专家意见，会建议晚点添加这些容易引起过敏的食物。但现在认为，晚添加这类食物并不会降低过敏风险，添加辅食的种类应该丰富，让宝宝多尝试。

24 添加辅食后宝宝便秘怎么办？

刚开始添加的辅食种类有限，多以蛋白质含量较高的食物为主，膳食纤维并不丰富，易造成宝宝大便干结。此时，家长要注意给宝宝喂水，并逐步添加适合宝宝的菜泥、果泥等，火龙果、梨、西梅等对不少排便困难的宝宝可能有效。不少家长反映，宝宝添加火龙果等带子的水果，通便效果明显。当然，如果饮食干预的效果不佳，应及时咨询儿科医生。

宝宝出现便秘时，很多妈妈会根据传统的说法，给宝宝吃点香蕉泥。美国儿科学会建议，便秘的孩子应少吃香蕉，因为香蕉的膳食纤维含量并不怎么高，但腹泻恢复中的宝宝可以适量食用香蕉。

25 宝宝腹泻时的饮食怎么安排？

添加辅食初期，有些宝宝由于耐受不好会出现胃肠道感染，容易拉肚子，此时，建议暂停添加辅食，等宝宝好了之后再重新添加。如果只是轻微的大便变稀，仍然是正常的大便性状，通常不用担心，维持已添加量继续观察3天，若拉肚子情况趋于好转，等恢复到正常状态后，再加辅食量和尝试新的食物。如果情况继续加重，要及时看儿科医生。

通常，腹泻的宝宝并不需要禁食，只有那种非常严重的腹泻，需在医生指导下通过短暂禁食来减轻肠道的负担，待肠道功能好后继续尝试进食。传统认为，拉肚子期间不吃东西或只喝粥的做法往往是不合理的。对于6个月以上的婴幼儿，辅食可以选择容易消化的婴儿米粉、烂面条、鱼肉泥等低脂肪、低膳食纤维的辅食，随着病情好转逐步恢复到正常饮食。

26 要不要额外补充钙、维生素D、铁、锌？

只要妈妈奶量充足，能够按需或按时哺喂，注意补充维生素D，1岁以内的宝宝一般不会缺钙。奶粉喂养的宝宝，奶粉中的钙含量相对较高且强化了维生素D，只要奶量充足，例如每天奶量在500毫升以上，宝宝也不会缺钙。

对于出现缺钙症状的宝宝，首先要怀疑维生素D是否摄入或获得不足，如果宝宝体内缺乏维生素D，就会影响钙的吸收。母乳喂养和混合喂养的宝宝从出生就可以按常规，每天补充400国际单位维生素D至2岁以后。

在出生后的4~6个月中，母乳喂养的足月宝宝不需要补充额外的铁。不过，随着宝宝成长，对铁的需求开始增加，加上母乳中铁含量较低。所以，当宝宝吃辅食之后，需从肉类、鱼泥、强化铁的谷类中获取一定的铁。如果妈妈在孕期患有某些疾病，例如糖尿病，或者宝宝出生时体重很低，那么可能需要额外补充铁剂，具体需要咨询儿科医生。

缺锌也会影响到宝宝发育，是否补锌需要儿科医生结合宝宝的症状表现综合判断，家长千万不要自行判断。

27 自制婴幼儿辅食要注意哪些问题？

食材安全：宝宝的免疫力较弱，在制作辅食前，妈妈一定要确保器具、双手及食材新鲜干净。

温度适宜：加热后的食物一定要稍凉后再喂给宝宝，特别是用微波炉加热时，一定要小心，以免食物加热不均匀烫到宝宝。

浓稠度适当：宝宝的吞咽和消化功能还未发育完全，太干或太黏稠的食物，宝宝很容易被呛到或是噎到。

28 如何培养宝宝自主进食？

让宝宝先学习接受勺子：开始添加辅食就要注意用勺子喂宝宝，并需要反复尝试和练习。刚开始宝宝或许吃不到一勺的辅食量，但随着不断尝试，宝宝就能逐步掌握用勺子吃辅食的本领。

准备一些手指食物：宝宝8个月左右，让他练习抓着食物吃，这会让宝宝的手眼口脑的协调能力得到训练。

让宝宝玩玩餐具：7~9月龄的宝宝喜欢用手抓握餐具，不妨就让他试试拿起小勺或小碗等餐具，当然也要注意不能给宝宝太尖锐的餐具，以免伤着宝宝。

模仿吃的技巧：从添加辅食开始，就应该和宝宝同桌吃饭，让他学习和模仿大人怎样用勺子。当宝宝8个月大时，即使他还未能掌握技巧，家长也应该鼓励他拿着勺子摸索。

宝宝辅食需要的器具

29 宝宝的用具

辅食餐具是宝宝的亲密"小伙伴",它们的优点是可以做到宝宝专用,从使用方法、材质等各方面都是为宝宝安全考虑的。

碗

选择宝宝容易抓取,并且有碗耳的餐盘。妈妈也可以选设计新颖和方便的吸盘碗,防止宝宝拿不稳或者好奇乱动时将碗摔翻。

勺子

即使是标准的婴儿勺子,对刚吃辅食的宝宝来说也很宽,刚开始的时候,每次喂宝宝半勺或更少的量。硅胶婴儿勺是不错的选择,可以避免伤到宝宝。

高脚椅

当宝宝6~7个月大的时候,他已经能够使用高脚椅吃饭了。为了确保宝宝舒适且安全,可以在高脚椅上垫一个可移动并可洗涤的垫子,这样就可以经常清理,防止积攒大量的食物残渣。

选择高脚椅的时候,一定要选带有可拆卸托盘的高脚椅,而且托盘的四周要有较高的边缘。当宝宝吃饭时,托盘上较高的边缘能够防止食物掉落。可拆卸的托盘可以直接拿到水槽中清洗,比较方便。

㉚ 制作辅食的工具

制作辅食的工具是妈妈的"好帮手"，作为宝宝的"专属款"，它们在设计、材质、清洗方面都做得较好。

辅食机

辅食机集蒸煮、搅拌为一体，操作起来非常方便，绝对是制作各种泥状辅食的利器。制作各种菜泥、肉泥，只需简单切块处理，再放进辅食机里先蒸煮再搅拌，省去很多时间，而且用辅食机制作出来的泥都很细腻，非常适合刚添加辅食的宝宝。

料理机

为适应宝宝咀嚼能力的发育，辅食的性状也需要从细腻的泥状过渡到带颗粒的固体状。此时，一款具备搅拌和磨碎功能的料理机就更加实用一些。相比于专门的辅食机，料理机的功能更多，而且在宝宝度过辅食期后，还适合全家使用。

研磨器

一般是由研磨碗、研磨棒、榨汁器、过滤网、研磨盘、储物盖等部分组成，集捣碎、研磨、过滤、磨泥、榨汁等于一体，价格相对辅食机和料理机便宜很多，制作辅食和清洗也较方便。

滤蛋器

1岁以内的宝宝最好不要吃蛋清，这时有个轻松分离蛋黄和蛋清的滤蛋器就很重要。

6月龄

（出生180天以后）

从富含铁的
米粉、肉泥开始

宝宝一天膳食餐次安排

早上 7 点　　母乳 / 配方奶

早上 10 点　　母乳 / 配方奶

中午 12 点　　各类稀泥糊状辅食，如强化铁婴儿米粉、鱼肉泥、果泥等

下午 3 点　　母乳 / 配方奶

下午 6 点　　各类稀泥糊状辅食，如强化铁婴儿米粉、鱼肉泥、果泥等

晚上 9 点　　母乳 / 配方奶

宝宝一天膳食总量安排

母乳 / 配方奶　800~1000 毫升　　　蔬菜　25~50 克

谷类　25~50 克　　　　　　　　　水果　25~50 克

禽畜肉、鱼虾、蛋类　25~50 克　　油　5~10 克

水　少量　　　　　　　　　　　　（注：不加调味品）

为什么这么喂?
这个月的宝宝开始接触辅食，但营养的主要来源还是母乳或配方奶。辅食只是补充部分营养素的不足，为过渡到以饭菜为主的食物做好准备。

开动啦!
最初的辅食需要注意富含铁，宝宝这个时候容易缺铁或出现缺铁性贫血。

强化铁米粉糊

准备时间: 2分钟; 烹饪时间: 2分钟; 难易指数: ★

营养食材

婴儿强化铁米粉适量

开胃做法

用约70℃的温开水倒入米粉中, 边倒边用汤匙搅拌, 让米粉与水充分混合, 等冷却到合适温度再喂给宝宝。

吃了快快长

婴儿强化铁米粉含有丰富的**碳水化合物**、**蛋白质**以及**铁**、**锌**, 此时宝宝已经具备消化淀粉的能力, 发生过敏的概率较低。

婴儿米粉可以作为宝宝最初的辅食之一, 最好选用强化铁米粉, 有利于预防宝宝缺铁或出现缺铁性贫血。

香蕉泥

准备时间：2分钟；烹饪时间：5分钟；难易指数：★★

营养食材

香蕉 1/4 根

配方奶适量

开胃做法

①香蕉去皮、切段，用勺子压成泥。

②加入配方奶拌匀，再上锅稍微加热即可。

吃了快快长

香蕉泥含有丰富的**碳水化合物和钾**等，熟透的香蕉容易制成泥状，方便给初添辅食的宝宝尝试。对于需要从食物中补钾的宝宝来说，香蕉是不错的选择，香蕉也可以给腹泻恢复期的宝宝食用。

最初给宝宝的辅食最好加热一下，有利于消化吸收。

食材可替换

牛油果、猕猴桃等水果。

鱼肉泥

准备时间: 5分钟; 烹饪时间: 20分钟; 难易指数: ★★

营养食材

三文鱼肉 50 克

开胃做法

①鱼肉洗净后去皮、去刺。

②将鱼肉放入盘内,上锅蒸熟,再将鱼肉用料理机打碎或捣烂即可。

吃了快快长

鱼肉是优质**蛋白质**的来源,海鱼如三文鱼还含丰富的**DHA**,是大脑和眼睛发育所需的**必需脂肪酸**,鱼肉还含有一定的**铁、锌**等微量元素,有利于预防缺铁、缺锌。

最先给宝宝吃的肉类食材一定要是易煮烂或易打碎的,这样宝宝容易消化。对鱼肉过敏的宝宝,家长也可以给宝宝尝试猪肉泥和鸡肉泥。

苹果泥

准备时间: 2分钟; 烹饪时间: 5分钟; 难易指数: ★★

营养食材

苹果 1/4 个（约 50 克）

开胃做法

苹果洗净, 去皮去核（可以煮熟）, 捣碎或用料理机打碎即可。

吃了快快长

苹果直接吃比榨成果汁健康。除了**蔗糖**、**葡萄糖**, 苹果还含有**可溶性膳食纤维**, 这些膳食纤维是肠道益生菌的"粮食", 通过呵护肠道益生菌来维护宝宝的肠胃功能。

相比于"红富士", 蛇果更易刮成果泥, 且入口易化, 更适合给宝宝做苹果泥。本周, 给宝宝少量尝试水果即可。

土豆泥

准备时间: 5分钟; 烹饪时间: 20分钟; 难易指数: ★★

营养食材

土豆50克

植物油少许

开胃做法

①土豆洗净, 去皮切块。

②土豆上锅蒸熟, 用勺子压成泥或料理机打成泥, 加几滴植物油 (核桃油或亚麻子油) 即可。

吃了快快长

土豆含有丰富的**钾、镁**等矿物质, 还含有一定量的**维生素C**, 但随着烹饪时间的延长, 营养会受到不同程度的破坏。因此, 在保证做熟的基础上应尽量缩短加热时间。

土豆可以作为日常主食来食用, 但一次不宜给宝宝吃太多。

食材可替换

红薯或山药等薯类。

青菜泥

准备时间: 5分钟; 烹饪时间: 10分钟; 难易指数: ★★

营养食材

青菜 50 克

植物油少许

开胃做法

①将青菜择洗干净, 沥水, 切碎。

②锅内加入适量水, 待水沸后放入青菜碎末, 煮3~5分钟捞出放碗里。

③用料理机打成泥或用汤勺将青菜碎末捣成菜泥, 加几滴植物油(核桃油、亚麻子油或调和油) 即可。

吃了快快长

绿叶蔬菜的营养价值相对较高, 可补充**钾、钙、镁、维生素C**等, 青菜中还含有大量的**膳食纤维**, 有助于宝宝顺利排便。

刚添加辅食后, 如果含有膳食纤维的食物吃得少了, 宝宝容易出现排便困难或便秘, 不妨给他吃点青菜泥, 能够促进肠道蠕动。但青菜不容易消化, 宝宝大便里可能会混有没消化彻底的残渣, 通常没有关系。

南瓜泥

准备时间：5分钟；烹饪时间：20分钟；难易指数：★

营养食材

南瓜 50 克

开胃做法

南瓜洗净，去皮蒸熟，放入碗里，用勺子压成泥。也可以用料理机带皮一起打成泥。

吃了快快长

南瓜含有一定的**碳水化合物**，吃起来甜甜的，多数宝宝比较容易接受。南瓜含有丰富的 β-**胡萝卜素**，β-胡萝卜素在体内可以转化成**维生素A**，能够保护视力、增加呼吸道黏膜的免疫力。

第一次接触南瓜等辅食，宝宝可能会出于本能用舌头把食物顶出来，妈妈不要担心，可以继续尝试喂宝宝吃。

奶香玉米泥

准备时间: 5分钟; 烹饪时间: 15分钟; 难易指数: ★★

营养食材

鲜玉米粒 40 克

配方奶粉适量

开胃做法

①将新鲜的玉米粒洗净, 用料理机打成泥并加热至熟。

②将玉米泥放入杯子或碗中, 加少量配方奶粉, 用适量的温开水搅拌成泥糊状。

吃了快快长

鲜玉米营养丰富, 含有一定的**淀粉、钾、膳食纤维**等, 加入一定量的配方奶粉, 口味和营养价值更高。对于牛奶蛋白过敏的宝宝, 可以直接食用玉米泥或混合肉泥。

给宝宝选玉米时, 应挑子粒饱满、鲜嫩的。买回家后尽快食用, 或用保鲜膜包起来, 放入冰箱冷藏, 1~3天内给宝宝食用。

21

考虑到安全性，每1~2周适量
进食一次猪肝即可。相比猪
肝、鸡肝、鸭肝安全性通常更
高一些。

生红薯吃了容易引起消化不
良、腹胀，一定要把红薯煮熟
透了再给宝宝吃。

猪肝泥

准备时间: 30分钟; 烹饪时间: 20分钟; 难易指数: ★★

营养食材

新鲜猪肝 20 克

开胃做法

①将猪肝剔去筋膜, 切成片状, 用清水浸泡30分钟以上, 中途换几次水。

②将处理好的猪肝放入蒸锅内, 大火蒸10分钟左右。

③取出蒸熟的猪肝, 料理机内加少许热水, 搅打成猪肝泥即可。

吃了快快长

肝类营养价值非常高, 富含多种营养素, 包括**铁、锌、B族维生素、维生素A**等, 其中含有的铁属于血红素铁, 吸收率高。对于缺铁性贫血的宝宝, 尤其要注意适量摄入肝类。

红薯泥

准备时间: 5分钟; 烹饪时间: 15分钟; 难易指数: ★★

营养食材

红薯 40 克

开胃做法

①红薯洗净, 去皮、切块。

②上锅蒸熟, 用勺子压成泥即可。

吃了快快长

薯类含有丰富的**碳水化合物**, 还富含**钾、β-胡萝卜素**等营养物质, 红薯中的**可溶性膳食纤维**比较高, 能促进宝宝肠胃蠕动, 防止便秘。

茄子泥

准备时间：5分钟；烹饪时间：15分钟；难易指数：★

营养食材

茄子 50 克

植物油少许

开胃做法

①将茄子去皮、切成细条，隔水蒸10分钟左右。

②把蒸烂的茄子捣成泥，加几滴植物油（核桃油或亚麻子油）即可。

吃了快快长

不同的食材有不同的营养价值，给宝宝尝试辅食要注意多样性，茄子含有丰富的**钙、烟酸、膳食纤维**等，蒸熟后口感也很细腻。

茄子的种类很多，都可以给宝宝尝试，采用蒸熟的方式比油炸更健康。如果是嫩茄子，蒸的时候也可以不用去皮。

香蕉奶糊

准备时间: 5分钟; 烹饪时间: 10分钟; 难易指数: ★★

营养食材

香蕉 1/2 根

配方奶 50 毫升

开胃做法

①香蕉去皮, 切薄片, 用研磨棒压成泥。

②在香蕉泥中加入配方奶, 搅拌均匀即可。

吃了快快长

香蕉能够补充能量, 还能补**钾、镁**等营养素。用香蕉和配方奶搭配做成香蕉奶糊, 营养更丰富, 口味更佳。

牛奶过敏的宝宝直接吃香蕉泥即可。对于宝宝已经接受的辅食, 可以将几种果蔬做成混合果泥。

食材可替换

香蕉苹果泥、香蕉蓝莓泥、猕猴桃香蕉泥等。

苹果米糊

准备时间：5分钟；烹饪时间：10分钟；难易指数：★★

营养食材

苹果 1/8 个（25克）

婴儿米粉 20 克

开胃做法

①将苹果洗净，去皮、去核，切成小块。

②将苹果块用料理机搅碎，加入调好的婴儿米粉中即可。

吃了快快长

宝宝接受苹果和米粉以后，就可以把苹果泥和米粉混合做成苹果米糊。苹果富含**钾、镁**，有利于宝宝补充矿物质。苹果还含**有机酸**，可刺激消化液分泌，开胃提升食欲。

水果具体什么时候吃，需要结合实际生活情况，不要迷信所谓的"早上金苹果、中午银苹果、晚上烂苹果"的说法。

青菜米糊

准备时间: 5分钟; 烹饪时间: 10分钟; 难易指数: ★★

营养食材

婴儿米粉 20 克
青菜叶 3 片

开胃做法

①婴儿米粉用温开水调好; 将青菜叶洗净, 放入沸水锅内煮软, 捞出沥干。

②青菜叶捣成青菜泥, 加入调好的米粉中, 拌匀即可。

吃了快快长

青菜是蔬菜中含**矿物质**和**维生素**较丰富的绿叶菜, 能够促进宝宝骨骼的发育, 而丰富的**膳食纤维**有利于预防宝宝便秘。

青菜煮软后要立刻出锅,
以免维生素大量损失。

鱼菜米糊

准备时间: 5分钟; 烹饪时间: 20分钟; 难易指数: ★★

营养食材

婴儿米粉20克

鱼肉30克

青菜30克

植物油少许

开胃做法

①将鱼肉洗净、去刺; 青菜洗净。鱼肉和青菜分别用料理机打成泥, 放入锅中蒸熟。

②将蒸好的青菜和鱼肉加入调好的米粉糊中, 拌匀后加几滴植物油（核桃油或亚麻子油）。

吃了快快长

鱼菜米糊既富含鱼肉中的**蛋白质**, 又有青菜中的**维生素C、钾、镁、钙**等, 还有米粉中的**碳水化合物**, 三者搭配, 营养更加均衡, 不但可以促进宝宝的脑部发育, 还可以提高免疫力, 让宝宝聪明又健康。

三文鱼、鳕鱼、黄花鱼、鲈鱼、比目鱼等鱼的鱼刺较大、易剔除, 而且几乎没有小刺, 更适合给宝宝做辅食。

鳕鱼泥

准备时间: 5分钟; 烹饪时间: 20分钟; 难易指数: ★★

营养食材

鳕鱼肉 50 克

开胃做法

①将鳕鱼肉解冻,放在蒸锅上蒸熟。

②将蒸好的鱼肉放入料理机中,搅打成鱼肉泥即可。

吃了快快长

鳕鱼属于低脂高蛋白鱼类,刺少肉嫩,适合婴幼儿食用,除了富含**优质蛋白质**,还含有一定的多不饱和脂肪酸**EPA**,而EPA可以进一步转化成促进大脑发育的**DHA**。并且,鳕鱼也是补硒的良好食材。

鳕鱼属于海鱼的一种,可能存在重金属
汞超标的风险,吃太多并非明智之举,
每周给宝宝安排1次即可。

玉米面糊

准备时间: 5分钟; 烹饪时间: 20分钟; 难易指数: ★★

营养食材

玉米面 20 克

开胃做法

①玉米面中加入适量温开水调成糊。

②锅中加水, 大火煮沸, 拌入调好的玉米面糊, 煮沸即可。

吃了快快长

玉米面中含有丰富的**膳食纤维**, 能刺激胃肠蠕动, 加速排便, 有效缓解宝宝便秘。

虽然粗粮营养价值高, 但是不能取代细粮作为宝宝的主食, 由于宝宝肠胃还十分稚嫩, 所以本月在加工辅食时, 一定要把食物加工至糊状。

青菜玉米糊

准备时间: 5分钟; 烹饪时间: 20分钟; 难易指数: ★★

营养食材

青菜 50 克

玉米面 20 克

开胃做法

① 青菜择洗干净, 放入锅中焯熟, 捞出晾凉后切碎并捣成泥。

② 锅内加水烧开, 边搅边倒入玉米面, 防止煳锅底和外溢。

③ 玉米面煮熟后放入青菜泥调匀即可。

吃了快快长

青菜含有丰富的**维生素C**, 玉米面营养价值也很高, 含有一定的**膳食纤维**, 能让宝宝排便更顺畅。

添加辅食过程中, 注意让宝宝逐步尝试各类辅食, 包括蔬菜、谷物、肉类等, 若宝宝耐受良好, 可混合食材, 变换着花样做辅食。

31

土豆苹果泥

准备时间: 5分钟; 烹饪时间: 15分钟; 难易指数: ★★

营养食材

土豆 50 克
苹果 1/4 个

开胃做法

①将土豆去皮, 切成小块; 苹果去皮、去核, 切成小块。
②将土豆块和苹果块蒸熟, 用研磨器一同搅拌成泥即可。

吃了快快长

土豆富含**淀粉**, 还含有丰富的**钾**; 苹果含一定的**碳水化合物**, 还富含**钾、镁**等元素以及**可溶性膳食纤维**。土豆苹果泥既能维持营养平衡, 又能促进宝宝食欲。

给宝宝的辅食应包括一定的水果, 并适量摄入薯类, 做到辅食多样性。

南瓜土豆泥

准备时间: 5分钟; 烹饪时间: 20分钟; 难易指数: ★★

营养食材

土豆 20 克

南瓜 30 克

开胃做法

①将南瓜去皮、去子, 切块; 土豆去皮, 洗净, 切小块。

②将南瓜块、土豆块放入碗内, 隔水蒸熟。

③将蒸熟后的南瓜、土豆捣成泥, 调匀即可。

吃了快快长

土豆含有丰富的**淀粉、钾及维生素C**, 还含有一定**碳水化合物**, 与吃起来有甜味的南瓜混合, 更容易被宝宝接受。南瓜含有丰富的 β - **胡萝卜素**, β - 胡萝卜素可以在体内转化成**维生素A**。

宝宝接受南瓜、土豆以后, 可以
将两者混合给宝宝少量尝试。

红薯米糊

准备时间: 5分钟; 烹饪时间: 20分钟; 难易指数: ★★

营养食材

红薯 20 克

婴儿米粉 30 克

开胃做法

①红薯洗净, 去皮, 切成小丁。

②蒸熟红薯, 捣成泥, 加入调好的婴儿米粉中拌匀即可。

吃了快快长

宝宝接受红薯和米粉以后, 可以将少量红薯与婴儿米粉混合, 做成复合型辅食。当然, 也可以分开喂给宝宝。

红薯、土豆这类薯类食物, 蛋白质含量不高, 作为辅食喂养宝宝, 要注意搭配或补充优质蛋白质。

苹果薯团

准备时间: 5分钟; 烹饪时间: 20分钟; 难易指数: ★★

营养食材

红薯 50 克

苹果 20 克

开胃做法

①将红薯洗净去皮, 切块; 苹果洗净去皮、去核, 切小块。

②将红薯块、苹果块放入碗内, 隔水蒸熟。

③将蒸熟后的红薯、苹果捣成泥, 调匀即可。

吃了快快长

宝宝添加辅食以后, 就可以逐步引入水果, 而苹果是最常见的水果之一, 含有**碳水化合物、钾、镁、黄酮类化合物**等, 适量摄入还有利于宝宝排便。

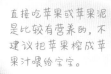

直接吃苹果或苹果泥是比较有营养的, 不建议把苹果榨成苹果汁喂给宝宝。

35

7月龄
一天安排1~2顿
辅食

宝宝一天膳食餐次安排

早上 7 点	母乳 / 配方奶
早上 10 点	母乳 / 配方奶
中午 12 点	各类泥糊状辅食，如蛋黄泥、豆腐泥、鸡肉泥等
下午 3 点	母乳 / 配方奶
下午 6 点	各类泥糊状辅食，如蛋黄泥、豆腐泥、鸡肉泥等
晚上 9 点	母乳 / 配方奶

宝宝一天膳食总量安排

母乳或配方奶 700~800 毫升		蔬菜 25~50 克	
谷类 25~50 克		水果 25~50 克	
禽畜肉、鱼虾、蛋类 25~50 克		油 5~10 克	
水 少量		（注：不加调味品）	

为什么这么喂?

本月的宝宝绝不能单纯母乳喂养了，必须添加辅食。添加辅食的主要目的是补充铁以及多种营养素。需要提醒的是，宝宝本月可能会出现缺铁性贫血。

开动啦!

对于未曾添加过的食材，最好不要一次添加两种或两种以上，每添加一种新的食材，都要注意观察宝宝是否有不适。

蛋黄泥

准备时间: 5分钟; 烹饪时间: 15分钟; 难易指数: ★

营养食材

鸡蛋1个

开胃做法

①鸡蛋洗净,放入锅中,加适量水煮熟。

②取1/4个熟蛋黄,用勺子压成泥,加20毫升温开水搅拌均匀即可。

吃了快快长

蛋黄富含**优质蛋白质、卵磷脂、DHA、锌、铁、B族维生素**等多种营养素,有助于促进宝宝身体发育,为神经系统和脑细胞的发育提供营养。

有的宝宝会对蛋类过敏,初次尝试,先从蛋黄添加,相比蛋白,蛋黄过敏的概率低,并从少量如1/8~1/4个开始。如果宝宝能接受,没有过敏症状,可逐步增加到1/2个、1个。如果宝宝不适应,不要强制添加,应根据宝宝的食量和喜好调整。

香蕉蛋黄糊

准备时间：5分钟；烹饪时间：5分钟；难易指数：★

营养食材

香蕉 1/2 根

熟鸡蛋黄 1/4 个

开胃做法

①熟鸡蛋黄压成泥；香蕉去皮，用勺子压成泥。

②把蛋黄泥、香蕉泥混合，再加入适量温开水调成糊即可。

吃了快快长

蛋黄含有**优质蛋白质**和多种**微量元素**，而香蕉含有**碳水化合物**、**钾**等，摄入丰富的钾有利于维持细胞正常的渗透压和酸碱平衡，维持神经肌肉的应激性和心肌的正常功能。

成熟香蕉制作出的辅食口感更好，生香蕉含鞣酸比较高，不利于宝宝排便，尤其是便秘的宝宝。

菠菜米糊

准备时间: 5分钟; 烹饪时间: 15分钟; 难易指数: ★★

营养食材

婴儿米粉 20 克

菠菜叶 4 片

开胃做法

①婴儿米粉用温开水调好; 将菠菜叶洗净, 放入沸水锅内焯一会儿, 煮软, 捞出沥干。

②菠菜叶用勺子压成菠菜泥, 加入调好的米粉, 拌匀即可。

吃了快快长

菠菜含**维生素C**, 属营养价值较高的蔬菜。宝宝接受菠菜以后, 可以将菠菜与米粉或肉类做成混合口味的辅食, 有助于均衡营养。

菠菜里含有较多草酸, 草酸会与钙结合成不溶性草酸钙, 为了降低菠菜中草酸的含量, 菠菜一定要焯过水后再烹饪。

蛋黄豆腐泥

准备时间: 5分钟; 烹饪时间: 20分钟; 难易指数: ★★

营养食材

嫩豆腐 20 克

熟鸡蛋黄 1/2 个

开胃做法

①嫩豆腐放入锅内蒸熟,取出后捣烂成泥。

②熟鸡蛋黄用勺子压成泥。

③混合豆腐泥和蛋黄泥即可。

吃了快快长

蛋黄和豆腐中都含有丰富的**卵磷脂**和**蛋白质**,能为宝宝大脑、神经发育提供营养。豆腐中还含有丰富的**钙**,有利于宝宝骨骼发育。

根据澳大利亚婴儿喂养指南,满6个月以后的宝宝就可以尝试豆腐了。但由于豆腐中含有丰富的蛋白质,一次不要食用过多,以免增加肠道负担。

番茄鳕鱼泥

准备时间: 10分钟; 烹饪时间: 30分钟; 难易指数: ★★★

营养食材

鳕鱼肉 50 克

番茄 1 个

植物油适量

开胃做法

①鳕鱼肉洗净, 切小块放入碗中, 研成泥。

②番茄洗净, 去皮, 用勺子研成泥。

③油锅烧热, 倒入番茄泥炒匀, 放入鳕鱼泥, 快速搅拌至鱼肉熟时即可。

吃了快快长

番茄和鳕鱼, 荤素搭配, 营养更均衡。鳕鱼中含有的EPA可以进一步转化成DHA, 对宝宝的视力和智力发育有促进作用。

鱼的种类比较多, 注意给宝宝尝试多种鱼类, 若宝宝的耐受良好, 每周可安排吃2~3顿鱼。

山药苹果泥

准备时间: 5分钟; 烹饪时间: 10分钟; 难易指数: ★★

营养食材

山药50克
苹果1/4个

开胃做法

①将新鲜的山药去皮, 切成小块; 苹果去皮、去核, 切成小块。
②将山药块和苹果块蒸熟, 然后用研磨器搅拌成泥即可。

吃了快快长

山药属于薯类, 含有**碳水化合物**、**钾**等, 口感绵软, 是制作辅食的优质原料; 苹果富含**碳水化合物**、**钾**、**膳食纤维**、**黄酮类化合物**等。山药苹果泥口感甘甜, 是适合宝宝的健康"甜"食。

让宝宝养成每天适量摄入水果的习惯, 有利于身体健康。

43

红枣泥

准备时间: 5分钟; 烹饪时间: 25分钟; 难易指数: ★★

营养食材

红枣 10 颗

开胃做法

①将红枣洗净, 放入锅内, 加入适量水煮 15 ~ 20 分钟, 煮至红枣烂熟。

②去掉红枣皮、核, 放入料理机中打成泥状, 加适量水再煮片刻即可。

吃了快快长

红枣富含**碳水化合物**, 吃起来甜甜的, 很受宝宝喜爱。红枣还可以与婴儿米粉搭配, 做成复合辅食, 营养更丰富。

通常认为红枣能够补铁, 其实植物来源的铁吸收率不高, 且红枣含铁也不丰富, 因此不要认为宝宝吃几颗红枣就能补铁。

西蓝花米糊

准备时间: 10分钟; 烹饪时间: 10分钟; 难易指数: ★★

营养食材

西蓝花 50 克
婴儿米粉 20 克

开胃做法

①将西蓝花洗干净, 掰成小朵。

②锅中加入适量水, 煮沸, 放西蓝花煮熟; 婴儿米粉中加温开水, 调成米糊。

③将煮过的西蓝花用料理机搅碎, 加入调好的米糊中即可。

吃了快快长

西蓝花属于营养比较丰富的蔬菜, 富含**钾、镁、钙、维生素C、膳食纤维**等多种营养, 还含有**花青素**等抗氧化成分。

让宝宝尝试各类蔬菜, 有助于预防宝宝以后挑食偏食。西蓝花泥既可以单独喂给宝宝, 也可以和其他食材混合做成复合辅食。

玉米胚芽在玉米粒贴近玉米轴的小尖内，外面包了一层果皮，这个位置往往被忽视。其实，这里集中了玉米的许多营养，做辅食时不要丢弃。

等宝宝到了8月龄时，咀嚼能力进一步发展，也可以给宝宝尝试煮得很稠的小米粥，让宝宝在享受美味的同时，吃得更营养。

鸡肉玉米泥

准备时间: 5分钟; 烹饪时间: 30分钟; 难易指数: ★★★

营养食材	开胃做法
鸡肉 30 克	①鸡肉洗净, 放入锅中, 加适量水煮熟。
玉米粒 50 克	②将煮熟的鸡肉切成小块, 放入料理机中, 加入少量温开水, 搅打成鸡肉泥。
	③玉米粒洗净, 沥干水分, 放入沸水中煮熟。
	④将煮熟的玉米粒捞出, 放入料理机中, 加入少量温开水, 搅打成玉米泥。
	⑤将鸡肉泥和玉米泥按照1:2的比例混合, 拌匀即可。

吃了快快长

鸡肉等禽肉富含优质**蛋白质**, 铁的含量介于畜肉和鱼肉之间, 也是**铁、锌**等微量元素的良好来源。鸡肉和玉米一起做成复合辅食, 营养更均衡。

南瓜小米糊

准备时间: 5分钟; 烹饪时间: 30分钟; 难易指数: ★★

营养食材	开胃做法
南瓜 50 克	①小米洗净后入锅, 熬煮成粥, 放入料理机中搅打成糊状。
小米 50 克	②将南瓜去皮、去子, 切块, 放入蒸锅蒸软后, 用勺子压成泥。
	③将南瓜泥放入小米糊中, 搅拌均匀, 稍煮后出锅即可。

吃了快快长

小米有大米、小麦中不含的 β -**胡萝卜素**, 而且比大米含有更多的**钙、钾、镁、铁、B族维生素**; 南瓜含有一定的**碳水化合物**, 与小米搭配做成南瓜小米糊, 营养更丰富。

7月龄

第4周

燕麦

燕麦奶糊

准备时间: 5分钟; 烹饪时间: 15分钟; 难易指数: ★★

营养食材

燕麦 35 克

配方奶粉 30 克

开胃做法

①配方奶粉加入温开水, 冲开成配方奶。

②锅里倒入配方奶, 再加入燕麦, 搅拌均匀后加热, 煮至微微沸腾时, 关火, 加盖闷一会儿即可。

吃了快快长

燕麦含**钙、铁、B 族维生素、膳食纤维**等, 摄入适量的膳食纤维有利于通便。父母可以给宝宝选择婴儿燕麦粉。

过敏体质的宝宝在吃燕麦时要从少量开始, 慢慢添加。并注意观察有没有过敏反应。若出现过敏症状, 需回避该食材至少3个月。

草莓泥

准备时间: 30分钟; 烹饪时间: 10分钟; 难易指数: ★

营养食材

草莓10颗

开胃做法

①将草莓冲洗干净, 用淡盐水浸泡20分钟, 再用凉开水冲洗干净。

②削去草莓一边的外皮, 放在研磨碗上磨成果泥即可。

吃了快快长

草莓**维生素C**含量丰富, 含**钾**也比较丰富, 在草莓上市的季节不妨给宝宝尝试点, 补充维生素C, 还有利于提高宝宝的抵抗力。

洗草莓时注意一个一个清洗, 冲洗干净, 以免因为残留细菌导致宝宝拉肚子。

卷心菜泥

准备时间:5分钟;烹饪时间:10分钟;难易指数:★

营养食材

卷心菜嫩叶数片

开胃做法

① 卷心菜嫩叶洗净,入沸水中焯烫。

② 将烫熟的卷心菜叶切碎,加入烫卷心菜叶的汤,倒入料理机内搅打成泥状。

③ 用滤网过残渣即可。

吃了快快长

卷心菜富含**维生素C和钙**,还含有丰富的**植物化学物**,有利于人体健康。因此,不妨给宝宝尝试点卷心菜泥,有利于呵护免疫力和骨骼发育。

卷心菜、菜花、西蓝花等都属于十字花科植物,含有一定量的硫氰酸盐,如果食用过多,会干扰身体对碘的吸收,因此,注意适量食用。

西葫芦米糊

准备时间：5分钟；烹饪时间：20分钟；难易指数：★★

营养食材

西葫芦 1/4 个

婴儿米粉 30 克

开胃做法

①西葫芦洗净，去皮，切薄片，入沸水中煮熟。

②用料理机将煮熟的西葫芦片打成泥。

③将婴儿米粉放入碗中，加入 60~70℃温开水，边倒边搅拌成米糊。

④混合西葫芦泥与米糊即可。

吃了快快长

西葫芦是常吃的瓜类蔬菜，含有一定的**钾**、**膳食纤维**等。等宝宝接受西葫芦以后，就可以做成复合的西葫芦米糊、西葫芦肉泥粥或西葫芦肉泥面条等花样辅食。

初次添加西葫芦，最好先单独尝试，等宝宝接受西葫芦以后，再将西葫芦与婴儿米粉混合食用。

红薯蛋黄泥

准备时间: 5分钟; 烹饪时间: 20分钟; 难易指数: ★★

营养食材

红薯 30 克

熟鸡蛋黄 1/2 个

开胃做法

①红薯洗净后去皮、切块, 放入盘内, 上锅蒸熟, 取出捣成泥。

②熟鸡蛋黄用勺子压成泥。

③混合红薯泥和蛋黄泥即可。

吃了快快长

蛋黄属于营养丰富的食材, 富含**蛋白质、卵磷脂、锌、铁、维生素**等多种营养素。红薯含**淀粉**丰富, 还含有一定的**可溶性膳食纤维**等。

红薯的蛋白质含量较低, 与蛋黄搭配, 营养更均衡。

鸡汤南瓜泥

准备时间: 5分钟; 烹饪时间: 15分钟; 难易指数: ★★

营养食材

南瓜 50 克

鸡汤适量

开胃做法

①南瓜去皮、去子,洗净后切成丁。

②将南瓜丁装盘,放入锅中,加盖隔水蒸 10 分钟。

③取出蒸好的南瓜,倒入碗内,用勺子压成泥后,加入热鸡汤。

吃了快快长

南瓜富含**钾、β-胡萝卜素**,还含有一定的**碳水化合物**,吃起来甜甜的,宝宝容易
接受。还可以做成南瓜馒头、南瓜粥。

在1岁之前,给宝宝做辅
食的汤内,不可加盐、糖
这类调味料。

莜麦多谷米粉

准备时间: 30分钟; 烹饪时间: 20分钟; 难易指数: ★★

营养食材

燕麦 20 克

小米 20 克

莜麦 20 克

开胃做法

①将燕麦、小米、莜麦淘洗干净, 提前浸泡 30 分钟。

②将全部食材倒入料理机内, 添加适量温开水, 搅打成米糊,
煮熟即可。

吃了快快长

燕麦、小米、莜麦的营养价值都比大米高, 燕麦含有丰富的**铁、膳食纤维**, 小米含有
丰富的**B族维生素**, 而莜麦含**蛋白质**较高。

有些宝宝吃米粉以后开始出现便
秘, 这是因为一般的大米粉几乎
不含膳食纤维。因此, 妈妈不
妨为宝宝选用多谷米粉或含有益
生菌（益生元）的婴儿米粉。

蛋黄土豆泥

准备时间：10分钟；烹饪时间：20分钟；难易指数：★★

营养食材

土豆 30 克

熟鸡蛋黄 1/2 个

开胃做法

①土豆洗净后去皮、切块，放入盘内，上锅蒸熟，取出捣成泥。

②熟鸡蛋黄用勺子压成泥。

③混合土豆泥和蛋黄泥即可。

吃了快快长

土豆属于薯类，含**淀粉**、**钾**丰富，还是不容易引起过敏的食材之一；蛋黄含有优质**蛋白质**、**卵磷脂**、**维生素A**等营养素，且含**铁**、**锌**丰富，是补铁和补锌的良好食材。

变绿发芽的土豆不能给宝宝吃。
平日存放时，把土豆和苹果放
在一起，可减缓土豆发芽速度。

蛋黄鱼肉泥

准备时间: 10分钟; 烹饪时间: 30分钟; 难易指数: ★★

营养食材

鱼肉 30 克

熟鸡蛋黄 1/2 个

开胃做法

①鱼肉洗净后去皮、去刺，放入盘内，上锅蒸熟，研成泥。

②熟鸡蛋黄用勺子压成泥。

③混合鱼泥和蛋黄泥即可。

吃了快快长

鱼肉含有丰富的优质**蛋白质**，还含有一定的**DHA**，充足的DHA有利于宝宝大脑和视力发育。

蛋类、鱼类是常见的容易引起过敏的食物，过敏体质的宝宝尝试这些辅食时，父母要注意观察是否有不适反应。

红薯红枣蛋黄泥

准备时间: 10分钟; 烹饪时间: 20分钟; 难易指数: ★★

营养食材

红薯 1/4 个

红枣 4 颗

熟鸡蛋黄 1/2 个

开胃做法

①将红薯洗净去皮, 切块; 红枣洗净去皮、去核, 切成碎末。

②将红薯块、红枣末放入碗内, 隔水蒸熟。

③将蒸熟后的红薯、红枣以及熟鸡蛋黄加适量温开水捣成泥, 调匀即可。

吃了快快长

红薯中 β-**胡萝卜素**、**维生素C**、**钾**的含量丰富。红薯还含一定量的**可溶性膳食纤维**, 能预防宝宝便秘。

红枣中含有较多糖分, 容易引发龋齿, 宝宝吃完红枣做的辅食要适量喝点温开水。

番茄鱼肉糊

准备时间: 10分钟; 烹饪时间: 20分钟; 难易指数: ★★

营养食材

番茄 1/2 个

鱼肉 50 克

开胃做法

①鱼肉洗净后去皮、去刺; 番茄洗净后去皮、切块。

②将鱼肉和番茄放入盘内, 上锅蒸熟, 再将两者捣烂
或用料理机打碎即可。

吃了快快长

番茄含丰富的 β-**胡萝卜素**和**番茄红素**, 番茄红素是一种较强的抗氧化剂。
番茄鱼肉糊酸酸甜甜, 可以调动宝宝食欲。

如果宝宝对鱼类过敏, 吃
了鱼肉出现全身湿疹等症
状, 就要注意回避至少3
个月以上。

山药紫薯朵

准备时间: 30分钟; 烹饪时间: 5分钟; 难易指数: ★★

营养食材

紫薯泥 30 克

山药泥 30 克

配方奶粉 30 克

开胃做法

①配方奶粉中加入150毫升温开水, 冲开成
配方奶。

②将紫薯泥和山药泥用配方奶调匀拌成稠糊。

吃了快快长

山药、紫薯都属于薯类, 含有丰富的**淀粉、钾**等。山药紫薯朵味道
香甜, 而且紫薯中的天然**花青素**具有抗氧化功能。

山药削皮后或者切开处与空气
接触会变成紫黑色, 这是山药
中含的一种酶所致。将去皮后
的山药放入清水或加醋的水中
可以防止变色。

小米玉米糁粥

准备时间: 5分钟; 烹饪时间: 30分钟; 难易指数: ★

营养食材

小米 30 克

细玉米糁 20 克

开胃做法

①将小米淘洗干净。

②锅内加入适量水,放小米、细玉米糁同煮熟烂即可。

吃了快快长

玉米、小米均属于杂粮,含有丰富的 β-胡萝卜素。宝宝7月龄以后,可以将小米和玉米糁熬成稠粥,给宝宝少量尝试,有助于锻炼咀嚼能力。

细玉米糁在制作过程中已经去掉外皮,所以不用淘洗。

三色泥

准备时间: 5分钟; 烹饪时间: 20分钟; 难易指数: ★★

营养食材

南瓜 10 克

番茄 1/4 个

嫩豆腐 20 克

开胃做法

①南瓜洗净, 去皮、去子, 切块; 番茄洗净, 去皮, 切块。

②将南瓜、番茄和嫩豆腐放入锅内蒸熟, 取出后捣烂成泥或打成泥即可。

吃了快快长

豆腐中含有丰富的**蛋白质**、**钙**、**磷**、**铁**等, 易消化吸收, 对牙齿、骨骼的生长发育有益。南瓜、番茄含有丰富的**钾**、**镁**、**β-胡萝卜素**、**番茄红素**等, 其中 β-胡萝卜素在体内可以转化为维生素A, 维护宝宝视力及免疫力。

适量进食豆腐并不会引起宝宝性早熟, 豆腐也是"最初的辅食"选择, 在宝宝7月龄的时候, 就可以少量尝试。

西蓝花营养丰富,是宝宝最开始可以吃的蔬菜,且易消化,可以搭配着其他食材给宝宝吃。

吃腻了红薯,家长不妨换换花样,用南瓜来代替红薯,搭配甜甜的红枣,营养同样丰富。

西蓝花土豆泥

准备时间: 10 分钟; 烹饪时间: 30 分钟; 难易指数: ★★

营养食材

西蓝花 50 克

土豆 20 克

开胃做法

①西蓝花洗净, 切小朵; 土豆洗净去皮, 切成小块备用。

②西蓝花放入开水锅中煮七八分熟; 土豆块蒸熟。

③西蓝花捞出沥水, 和土豆块一起放入搅拌器中打碎成泥即可。

吃了快快长

西蓝花中的**维生素和矿物质**的含量相对高于其他蔬菜, 其中丰富的**维生素C**有利于
维护宝宝的免疫力, 也是良好的补钙食材。

红薯红枣泥

准备时间: 10 分钟; 烹饪时间: 25 分钟; 难易指数: ★★

营养食材

红薯 50 克

红枣 5 颗

开胃做法

①将红薯洗净去皮, 切成块; 红枣洗净去核、去皮, 切成碎末。

②将红薯块和红枣末放入碗内, 上锅隔水蒸熟。

③将蒸熟后的红薯、红枣捣成泥, 加适量温开水调匀即可。

吃了快快长

红薯含有丰富的**碳水化合物、钾、可溶性膳食纤维**, 有利于通便, 但含蛋白质较低,
不宜给宝宝经常吃, 以免蛋白质摄入不足影响宝宝发育。

8月龄

多尝试末状食物

宝宝一天膳食安排

早上 7 点　　母乳 / 配方奶

早上 10 点　　母乳 / 配方奶

中午 12 点　　各类末状辅食，如肉末等

下午 3 点　　母乳 / 配方奶

下午 6 点　　各类末状辅食，如肉末等

晚上 9 点　　母乳 / 配方奶

宝宝一天膳食总量安排

奶　600~800 毫升	蔬菜　25~50 克
谷类　25~50 克	水果　25~50 克
禽畜肉、鱼虾、蛋类　50~75 克	水　少量
油　5~10 克	（注：不加调味品）

为什么这么喂?

本月的宝宝除了继续添加上个月添加的辅食外，还可以多添加一些蛋白质类辅食，如猪肉、鸡肉、鱼虾等。

开动啦!

添加辅食的过程也是训练宝宝咀嚼和吞咽能力的过程。这个月的宝宝不能只吃泥糊状食物，可以尝试并逐步过渡到进食末状食物。还可以给宝宝准备手指食物，让宝宝的手动起来，训练手、口、眼、大脑的协调能力，为宝宝的语言功能发育创造有利条件。

肉末蒸蛋

准备时间: 5分钟; 烹饪时间: 15分钟; 难易指数: ★★

营养食材

猪肉末 20 克

鸡蛋黄 1 个

植物油适量

开胃做法

①鸡蛋黄打散, 加入等量凉开水调匀。

②油锅烧热, 炒熟猪肉末。

③蛋黄液中加入炒熟的猪肉末, 上蒸锅蒸 5~10 分钟至熟即可。

吃了快快长

猪肉、鸡蛋是宝宝摄取**优质蛋白质**、**维生素A**、**锌**等营养素的良好食物来源, 肉类中的铁属于**血红素铁**, 吸收率高。宝宝接受鸡蛋、肉类以后, 可以做成肉末蒸蛋给宝宝尝试。

鸡蛋的营养很丰富, 可以每天给宝宝吃1个鸡蛋黄。

土豆胡萝卜肉末羹

准备时间: 10分钟; 烹饪时间: 20分钟; 难易指数: ★★★

营养食材

土豆30克

胡萝卜20克

猪肉末20克

植物油适量

开胃做法

①将土豆洗净去皮, 切成小块; 胡萝卜洗净, 切成小块; 将土豆块、胡萝卜块放入搅拌机, 加适量水打成泥。

②油锅烧热, 放入胡萝卜土豆泥和猪肉末略炒, 然后加适量的水, 煮5分钟左右即可。

吃了快快长

胡萝卜含有丰富的 β-**胡萝卜素**, β-胡萝卜素在体内可以转化成**维生素A**, 而且肉类中也含有丰富的维生素A。土豆胡萝卜肉末羹, 将多种食材搭配在一起, 营养更均衡, 有保护视力、提高免疫力的功效。

胡萝卜中富含的 β-胡萝卜素是脂溶性维生素, 有油脂的情况下更有利于吸收。搭配肉类吃, 更营养。

鳕鱼毛豆泥

准备时间：5分钟；烹饪时间：20分钟；难易指数：★★

营养食材

鳕鱼 30 克

毛豆 20 克

香油少许

开胃做法

①鳕鱼洗净后去皮、蒸熟，盛入碗中，压成泥糊状。

②毛豆煮熟后剥皮，用料理机打成泥糊状。

③锅内放入清水煮沸，放入毛豆泥、鳕鱼泥，煮熟，滴几滴香油即可。

吃了快快长

鳕鱼含丰富的**蛋白质、钾、钙、硒**等，而且还含有一定量的**EPA**，EPA在体内可以直接转化成**DHA**。新鲜的毛豆营养丰富，富含**蛋白质、钾、镁、钙、铁、锌、硒、维生素C、膳食纤维**等。鳕鱼和毛豆搭配做辅食，营养丰富，为宝宝健康加分。

鳕鱼分很多种，营养成分最好的是银鳕鱼，每100克鳕鱼肉中含硒24.8微克，适合给宝宝补硒。

雪梨红枣米糊

准备时间: 5分钟; 烹饪时间: 20分钟; 难易指数: ★★

营养食材

雪梨1/4个

红枣3颗

婴儿米粉30克

开胃做法

①雪梨去皮、去核, 切块; 红枣去核、去皮, 与雪梨块一起置锅内蒸熟。

②将雪梨和红枣捣烂成泥糊状。

③婴儿米粉中加适量70℃左右温开水, 冲成糊, 和雪梨红枣泥拌匀即可。

吃了快快长

雪梨、红枣含有一定的**糖分**, 吃起来甜甜的, 与米粉一起搭配, 有利于改善米粉的口味。

除了给宝宝尝试雪梨红枣米糊, 当天的辅食还要注意肉类、蛋类或鱼类等的摄入。

芋头中的黏液会刺激宝
宝咽喉，所以芋头一定
要煮熟后再给宝宝食用，
还要注意观察是否有过敏
症状，若有，应立即停食。

食材可替换

红薯、土豆
等薯类。

可将嫩豌豆煮熟，稍稍压碎，
让宝宝作为手指食物抓着吃，
训练宝宝动手吃饭的能力。

76

芋头泥

准备时间: 5分钟; 烹饪时间: 20分钟; 难易指数: ★★

营养食材

芋头 50 克

配方奶 100 毫升

开胃做法

①将芋头去皮洗净, 切块, 加水煮熟。

②将熟芋头压成泥状, 和配方奶一起放入锅中加热, 混合均匀即可。

吃了快快长

芋头含有丰富的**淀粉**、**钾**等营养素, 营养价值类似于红薯, 可以少量给宝宝尝试。

蛋黄豌豆糊

准备时间: 10分钟; 烹饪时间: 40分钟; 难易指数: ★★

营养食材

豌豆 20 克

熟鸡蛋黄 1 个

开胃做法

①豌豆洗净煮烂, 压成豌豆泥; 熟鸡蛋黄压成泥。

②加适量温开水将豌豆泥和蛋黄泥混合均匀。

吃了快快长

豌豆含有丰富的**淀粉**、**蛋白质**、**钾**等营养素。豌豆和蛋黄搭配, 营养更均衡。

西蓝花牛肉泥

准备时间: 5分钟；烹饪时间: 40分钟；难易指数: ★★★

营养食材

西蓝花 30 克

牛肉 20 克

开胃做法

①西蓝花洗净，放入开水中烫2分钟，关火闷3分钟后切碎。

②牛肉切末，煮约30分钟至熟透，将煮熟的牛肉和汁水一同放入料理机，搅打成牛肉泥。

③把牛肉泥和切碎的西蓝花一起搅拌均匀即可。

吃了快快长

牛肉富含优质**蛋白质**、**铁**、**锌**、**维生素B₂**等，西蓝花富含**钙**、**膳食纤维**和**维生素C**，有助于促进宝宝大脑发育。

煮西蓝花时，尽量用较少的水，或改用蒸的方法，以减少营养流失。

核桃红枣泥

准备时间: 5分钟; 烹饪时间: 20分钟; 难易指数: ★★

营养食材

红枣 20 颗

核桃仁 20 克

开胃做法

①将核桃仁放入料理机打成末; 红枣去核、去皮, 置锅内蒸熟。

②将红枣捣烂成泥糊状, 加入核桃末和适量温开水, 调匀即可。

吃了快快长

核桃含有丰富的**亚油酸**和一定量的 α-**亚麻酸**, 还含有丰富的**铁、硒、维生素E**等, 其中 α-亚麻酸可以转化为**DHA**, 适量摄入有利于促进宝宝大脑发育。

宝宝现在还不能吃颗粒食物, 吃核桃时一定要将果仁都碾碎, 以免噎食。

香菇鱼肉泥

准备时间: 5分钟; 烹饪时间: 30分钟; 难易指数: ★★

营养食材

鱼肉30克

香菇2朵

植物油适量

开胃做法

①鱼肉洗净后去皮、去刺。

②将鱼肉放入盘内, 上锅蒸熟, 再将鱼肉捣烂成泥。

③香菇洗净切成末, 入油锅炒熟后, 混合到鱼泥中即可。

吃了快快长

香菇鱼肉泥是一款味道独特的宝宝辅食。鱼肉含有优质**蛋白质、钾、DHA**等, 还含有一定量的**铁**和**锌**, 可提高机体免疫功能, 增强宝宝对疾病的抵抗能力。

宝宝最初吃香菇可能会拒绝这个味道, 妈妈可以隔两天变着花样做给宝宝吃, 总会找到一种做法让宝宝接受。

肉末海带羹

准备时间: 10分钟; 烹饪时间: 15分钟; 难易指数: ★★

营养食材

猪肉末 20 克

海带 30 克

植物油适量

开胃做法

①海带洗净后切成细末。

②油锅烧热,下猪肉末略炒,盛出备用。

③锅内加水煮开后,放入海带末煮熟,然后放入炒过的猪肉末,边煮边搅,煮熟即可。

吃了快快长

缺碘会影响宝宝智力发育,海带含**碘**量高,有利于预防碘缺乏,海带还含有一定量的**钙**、**钾**等,有利于增强宝宝体质。

每周可以给宝宝安排1~2次海产品,如海带、紫菜等。

二米粥

准备时间: 30分钟; 烹饪时间: 30分钟; 难易指数: ★

营养食材

大米 30 克

小米 20 克

开胃做法

①大米淘洗干净, 浸泡 30 分钟; 小米洗净。

②大米和小米放入锅中, 加适量水, 熬成软烂稠粥即可。

吃了快快长

大米和小米搭配, 口感更好, 营养也比大米粥更丰富。小米含有丰富的 β-胡萝卜素, 所含的铁、B族维生素均比大米高。

大米和小米加水熬制出的米汤营养密度很低, 家长不要过于"迷信"熬粥时上面的一层米油多么有营养。给宝宝喝的粥应是稠粥, 而不是很稀的米汤。

胡萝卜粥

准备时间: 30分钟; 烹饪时间: 30分钟; 难易指数: ★

营养食材

大米 30 克

胡萝卜 20 克

植物油少许

开胃做法

①将胡萝卜洗净,去皮后切成小碎块;大米淘洗干净,浸泡 30 分钟。

②大米加水后,用小火熬煮成粥,加入胡萝卜碎块,继续熬煮至软烂,加入少量植物油拌匀即可。

吃了快快长

胡萝卜粥将蔬菜与主食搭配,更有利于让宝宝接受胡萝卜等蔬菜。胡萝卜中含有一定的**膳食纤维**,可加快肠道的蠕动,预防宝宝便秘。

胡萝卜营养丰富,宝宝却不爱吃。妈妈可以把胡萝卜蒸熟后给宝宝吃,因为蒸熟的胡萝卜特别软甜,宝宝容易接受这样清新的口味。

山药去皮、切开以后容易变黑，
最好现吃现切，切好后应及时
烹调或泡到冷水里。

肉末最好是妈妈现剁的，会更
加美味可口，营养流失也少。

78

山药粥

准备时间: 30分钟; 烹饪时间: 30分钟; 难易指数: ★★

营养食材

山药 20 克

大米 30 克

开胃做法

①山药洗净, 去皮, 切块, 放入锅中煮 10 分钟, 捞出并捣成泥。

②大米洗净后, 泡 30 分钟。

③将大米放入锅内, 加水并用大火煮沸, 转小火慢煮, 再将山药泥放入, 一同煮至米烂即可。

吃了快快长

山药含有一定的**淀粉**和丰富的**钾**等, 与大米同煮成粥, 口感软糯, 宝宝更喜欢。

肉末菜粥

准备时间: 5分钟; 烹饪时间: 40分钟; 难易指数: ★★

营养食材

大米 30 克

猪肉末 20 克

青菜适量

植物油适量

开胃做法

①将大米熬成粥; 青菜洗净, 切碎。

②油锅烧热, 倒入切碎的青菜, 与猪肉末一起炒散。

③将猪肉末和青菜放入粥内, 稍煮即可。

吃了快快长

肉末菜粥富含丰富的**淀粉、蛋白质、B 族维生素**等, 营养更加全面, 猪肉中的**铁**还能预防宝宝贫血。

菠菜含草酸较多，最好先用温开水泡一下或焯水去除大部分的草酸。吃菠菜最好不要加醋，以免口感发涩。

蔬菜吃起来不甜不香，味道没有什么吸引力，导致多数宝宝都不爱吃蔬菜。但家长要有耐心，多给宝宝尝试，好的习惯需要慢慢培养。

大米菠菜粥

准备时间: 5分钟; 烹饪时间: 40分钟; 难易指数: ★★

营养食材

菠菜 30 克

大米 30 克

开胃做法

①菠菜择洗干净, 放入沸水中焯一下, 沥水后切碎。

②大米洗净后, 放入锅内, 加适量的水煮成粥。

③出锅前, 将切好的菠菜放入, 搅拌均匀, 再慢煮 3 分钟即可。

吃了快快长

菠菜茎叶柔软滑嫩、味美色鲜, 含有多种**维生素**, 尤其含有丰富的**叶酸**、**β–胡萝卜素**等, 大米菠菜粥还可以加入虾仁、猪肉末同煮, 营养更丰富。

卷心菜粥

准备时间: 5分钟; 烹饪时间: 30分钟; 难易指数: ★★

营养食材

卷心菜嫩叶 2 片

大米 30 克

开胃做法

①将卷心菜嫩叶洗净, 入沸水中煮熟, 切碎。

②大米洗净, 放入锅内, 加适量水, 熬煮成粥, 放入卷心菜叶煮沸即可。

吃了快快长

卷心菜属于十字花科蔬菜, 含丰富的**钾**、**维生素C**和一定量的**膳食纤维**等, 加入富含铁的红肉同煮, 如猪肉、牛肉等, 可促进铁的吸收。

海带豌豆羹

准备时间: 30分钟; 烹饪时间: 25分钟; 难易指数: ★★

营养食材

豌豆 50 克

海带 20 克

开胃做法

①将豌豆洗净蒸熟, 用勺子压碎; 海带先浸泡半小时, 洗净后切成小碎末。

②锅内加水煮开后, 放入海带末煮熟, 放入豌豆碎, 拌匀即可。

吃了快快长

海带含有丰富的**钙**和**碘**, 是宝宝生长发育过程中需要摄入的重要营养素。豌豆含有丰富的**淀粉**、**蛋白质**、**钾**、**铁**等营养素, 有助于增强宝宝体质。

烹制前应先用清水浸泡海带半小时, 中间勤换水, 直到海带的咸味不明显了。

大米蛋黄粥

准备时间: 30分钟; 烹饪时间: 30分钟; 难易指数: ★★

营养食材

大米 25 克

鸡蛋 1 个

开胃做法

①大米淘洗干净,用水浸泡半小时。

②将大米放入锅中,加水适量,大火煮沸后转小火煮 20 分钟。

③将鸡蛋打开,取出蛋黄打散,倒入粥中搅匀,煮沸即可。

吃了快快长

蛋黄营养非常丰富,含有优质**蛋白质、卵磷脂、锌、铁、B族维生素**等,对宝宝的大脑发育有益。

在制作大米蛋黄粥时,煮沸后一定要改用小火,否则粥很容易从锅里溢出来。

银鱼比较容易熟，没有明显的刺，适合给宝宝做辅食。食用时，妈妈要注意将银鱼碾碎喂给宝宝。

苹果外皮可能有农药残留，最好削掉皮再给宝宝食用。

银鱼山药羹

准备时间: 15分钟; 烹饪时间: 30分钟; 难易指数: ★★

营养食材

山药 50 克

银鱼 50 克

青菜 30 克

开胃做法

①银鱼洗净; 山药洗净去皮用料理机打成泥; 青菜洗净切成末。

②锅内加水煮开后, 放入银鱼。

③倒入山药泥并搅拌均匀, 煮开后放入切好的青菜末, 煮熟透即可。

吃了快快长

银鱼含有丰富的优质**蛋白质、钙、硒**等营养素, 营养价值高。银鱼山药羹荤素搭配, 同时含有薯类, 营养均衡。

苹果蛋黄玉米羹

准备时间: 10分钟; 烹饪时间: 15分钟; 难易指数: ★★

营养食材

苹果 1/4 个

熟鸡蛋黄 1 个

玉米面 25 克

开胃做法

①苹果洗净去皮、去核, 切丁; 熟鸡蛋黄研末。

②锅里加少量水烧开, 玉米面用凉水调匀, 倒入锅中, 边煮边搅动。

③开锅后放入苹果丁和蛋黄末, 小火煮 2 ~ 3 分钟即可。

吃了快快长

这道辅食含有多种食材, 营养更均衡。玉米属于粗粮, 含有较多的**膳食纤维**, 能促进肠道蠕动, 预防宝宝便秘。

买回来的鸡肉需立即食用，如果暂不食用要马上放进冰箱。

配方奶加到粥里，加热过程会破坏奶中的维生素C等营养素，因此应尽量缩短加热时间。

鸡肉豆腐羹

准备时间: 10分钟; 烹饪时间: 20分钟; 难易指数: ★★★

营养食材

鸡肉 20 克

玉米粒 20 克

豆腐 30 克

植物油适量

开胃做法

①鸡肉洗净,剁碎;玉米粒洗净,加适量水,用料理机打成糊;鸡肉碎、玉米糊同入锅,加水煮沸。

②豆腐洗净捣碎,加入煮沸的鸡肉玉米糊中,略煮,出锅后加几滴植物油即可。

吃了快快长

鸡肉中含有丰富的**优质蛋白质、铁、锌**等,是宝宝补铁补锌的好食材,豆腐中**蛋白质、钙、铁**等营养素丰富,是宝宝"最初辅食"的好选择。

奶香大米粥

准备时间: 5分钟; 烹饪时间: 30分钟; 难易指数: ★

营养食材

大米 50 克

配方奶 100 毫升

开胃做法

①大米洗净, 放入锅内, 加适量的水, 煮粥。

②粥快熟时, 倒入配方奶, 继续熬煮到粥很黏稠。

吃了快快长

大米富含**淀粉**, 是最常食用的主食, 大米煮粥易消化吸收, 宝宝即使在腹泻时通常也可以继续食用, 为宝宝补充能量。

注意将玉米和豌豆打成泥或末，避免给宝宝直接吃整粒的，以免发生噎食。

给宝宝的辅食注意荤素搭配，美味与营养相结合，而胡萝卜瘦肉粥具备这一特点。

五彩玉米羹

准备时间: 10分钟; 烹饪时间: 25分钟; 难易指数: ★★

营养食材	开胃做法
玉米粒 30 克	①将玉米粒洗净; 鸡蛋取蛋黄, 打散; 豌豆洗净。
鸡蛋 1 个	②将玉米粒、豌豆放入锅中, 加清水煮至熟烂后捣成泥或末。
豌豆 20 克	③淋入蛋黄液, 搅拌成蛋花, 烧开后即可。

吃了快快长

豌豆含有丰富的**淀粉、蛋白质、钾、钙、铁、锌、维生素E**等, 可谓营养丰富。玉米中含有一种叫**玉米黄素**的物质, 有强烈的抗氧化作用, 可减少眼睛受紫外线的伤害。几种食材搭配后口感好, 营养价值也高。

胡萝卜瘦肉粥

准备时间: 10分钟; 烹饪时间: 40分钟; 难易指数: ★★★

营养食材	开胃做法
胡萝卜 20 克	①将胡萝卜、猪瘦肉分别洗净剁碎; 大米淘洗干净。
猪瘦肉 10 克	②将大米、猪瘦肉碎、胡萝卜碎一起放入锅内, 加适量水煮成粥
大米 50 克	即可。

吃了快快长

猪瘦肉富含**蛋白质、脂肪、铁、锌、维生素A**等, 如果宝宝出现面色苍白等可疑缺铁性贫血症状, 妈妈在制作辅食时可适量地多添加一些猪瘦肉。

9月龄

尝尝稠粥、软烂面条

宝宝一天膳食餐次安排

早上 7 点　　母乳 / 配方奶

早上 10 点　　母乳 / 配方奶

中午 12 点　　各类软质固体辅食，如粥或烂面条等

下午 3 点　　母乳 / 配方奶

下午 6 点　　各类软质固体辅食，如粥或烂面条等

晚上 9 点　　母乳 / 配方奶

宝宝一天膳食总量安排

母乳 / 配方奶　600~800 毫升　　　　蔬菜　25~50 克

谷类　25~50 克　　　　　　　　　水果　25~50 克

禽畜肉、鱼虾、蛋类　50~75 克　　　水　少量

油　5~10 克　　　　　　　　　　（注：不加调味品）

为什么这么喂?

即使本月母乳还比较充足，也不能满足宝宝每日营养所需，必须添加足量的辅食。本月的宝宝，大部分都开始喜欢吃辅食，尤其是和爸爸妈妈一起进餐，这对宝宝来说是非常开心的一件事。

开动啦!

现在，宝宝能吃的辅食种类增多了，也能吃一些细小的碎状固体，咀嚼、吞咽功能都增强了，可以给他尝尝煮得较稠的粥和软烂的面条。

绿叶蔬菜要新鲜，
最好当天买当天吃，
放冰箱也不宜时间
过久。

芹菜叶的营养不比茎少，最好
能保留下来。

南瓜空心菜粥

准备时间:10分钟;烹饪时间:40分钟;难易指数:★★

营养食材

南瓜 30 克

空心菜 1 棵

大米 50 克

开胃做法

①南瓜去皮去子,洗净,切丁;空心菜择洗干净,取菜叶,切碎;大米淘洗干净。

②锅中放入大米,加适量水煮成粥。

③粥快熟时,下入南瓜丁;煮至南瓜丁熟,下入空心菜叶即可。

吃了快快长

空心菜等绿叶蔬菜含有丰富的**钾、钙、维生素C、β-胡萝卜素、膳食纤维**等,给宝宝多尝试绿叶蔬菜,一方面可以均衡营养,另一方面可以培养宝宝接受各种蔬菜,减少偏食挑食。

芹菜燕麦粥

准备时间:5分钟;烹饪时间:40分钟;难易指数:★★

营养食材

大米 50 克

燕麦片 20 克

芹菜 30 克

开胃做法

①大米洗净,加水放入锅中,和燕麦一起熬成粥。

②芹菜洗净,切成丁,在粥熟时放入,再煮 3 分钟即可。

吃了快快长

芹菜和燕麦都含有丰富的**膳食纤维**,搭配煮粥食用,可预防宝宝便秘。

虾仁菠菜粥

准备时间: 10分钟; 烹饪时间: 30分钟; 难易指数: ★★★

营养食材

鲜虾 3 只

菠菜 30 克

大米 50 克

开胃做法

①鲜虾洗净, 去头, 去壳, 去虾线, 取虾仁剁成小丁; 菠菜洗净, 入沸水中焯一下, 取出切碎。

②大米淘洗干净, 加水煮成粥, 加菠菜碎、虾仁丁, 搅拌均匀, 煮 3 分钟即可。

吃了快快长

鲜虾肉质细嫩, 味道鲜美, 含有较多的**钙、磷、钾**, 以及丰富的**锌、铁、硒**。虾仁菠菜粥有利于增强宝宝体质。

每周可以给宝宝安排吃2~3次新鲜的虾仁, 根据宝宝月龄将虾仁加工成合适的性状, 既可以做成单独的虾肉泥, 也可以与其他食材进行搭配。

白菜烂面条

准备时间：5分钟；烹饪时间：15分钟；难易指数：★★

营养食材

宝宝面条30克

白菜叶3片

植物油少许

开胃做法

①白菜叶洗净，切碎。

②将面条掰碎，放进沸水锅里，待面条煮沸后，转小火，加入白菜叶一起烧煮，大约5分钟后起锅，加入少许植物油（香油、亚麻子油或核桃油）。

吃了快快长

白菜烂面条将谷类、蔬菜、植物油相结合：谷类含有丰富的**碳水化合物**，蔬菜含有**钙、钾、维生素C、膳食纤维**等营养素，植物油含有丰富的**必需脂肪酸**，对宝宝的大脑和身体发育有帮助。

宜选择宝宝专用面条，因为宝宝专用面条柔软而细滑，长度适中，厚度均匀，便于咀嚼、易消化。

鱼泥豆腐苋菜粥

准备时间: 10分钟; 烹饪时间: 50分钟; 难易指数: ★★★

营养食材

鱼肉 30 克

豆腐 15 克

苋菜 20 克

大米 30 克

开胃做法

①豆腐洗净切丁; 苋菜择洗干净, 用开水焯一下, 切碎。

②鱼肉去刺, 放入盘中, 入锅隔水蒸熟, 压成泥。

③将大米淘洗干净, 加水, 煮成粥。

④粥中加入鱼肉泥、豆腐丁与苋菜碎, 煮熟即可。

吃了快快长

苋菜属于绿叶蔬菜, 营养价值高, 含有丰富的**钙、钾、镁、铁、维生素C、膳食纤维**。豆腐中的**蛋白质**也属于优质植物蛋白, 与肉类、谷类一起食用, 可以起到蛋白质互补作用, 增加蛋白质的利用率。

要注意控制豆腐添加的量, 喂宝宝食用时, 妈妈要注意用勺子将豆腐压成泥状, 以免噎着宝宝。

丝瓜虾皮粥

准备时间: 30分钟; 烹饪时间: 30分钟; 难易指数: ★★★

营养食材

丝瓜 1/2 根
虾皮适量
大米 30 克
核桃油少量

开胃做法

①大米淘洗干净,用水浸泡 30 分钟。

②丝瓜洗净,去皮,切成小块;虾皮用水浸泡 30 分钟。

③大米倒入锅中,加水煮成粥,将熟时,加入丝瓜块和虾皮同煮,煮熟后加入少量核桃油即可。

吃了快快长

虾皮含有较多的**钙、磷、钾**以及丰富的**锌、铁、硒**,搭配丝瓜、大米煮粥,营养均衡,适合夏季给宝宝食用。

切好的丝瓜容易氧化变黑,影响菜品的色泽,可在烹饪前用开水焯一下,就会保持翠绿。

南瓜紫菜蛋黄汤

准备时间: 30分钟; 烹饪时间: 20分钟; 难易指数: ★★

营养食材

南瓜 50 克

鸡蛋 1 个

紫菜 10 克

植物油少许

开胃做法

①南瓜洗净去皮、去子,切块;紫菜泡发后洗净;鸡蛋取蛋黄,打散。

②将南瓜块放入锅内,煮至熟透,放入紫菜,煮10分钟,倒入蛋黄液搅散,最后加入少许植物油(如核桃油、亚麻子油等)。

吃了快快长

紫菜含有丰富的**碘**,本月龄的宝宝要多摄入富含碘的食物,适量尝试紫菜、海带等海产品,注意煮烂,刚开始添加可做成泥状或末状。

紫菜在烹制前,最好用清水浸泡30分钟。

绿豆粥

准备时间: 30分钟; 烹饪时间: 30分钟; 难易指数: ★★

营养食材

绿豆 30 克

大米 20 克

开胃做法

①绿豆、大米洗净后, 浸泡 30 分钟。

②将泡好的绿豆、大米放入锅内, 加适量水, 煮成粥即可。

吃了快快长

绿豆属于杂粮类, 营养价值较大米高, 含有丰富的**碳水化合物、蛋白质、钾、镁、钙、锌、铁、硒、膳食纤维**等, 与大米一起煮粥, 粗细粮搭配, 促进营养吸收。

绿豆煮至开花即可, 不要煮得过烂, 否则会破坏其中的有机酸和维生素, 降低其营养价值。

挑选猕猴桃时，不
要选太软的，太软的
可能熟过了。

给宝宝尝试的红豆粥，注
意煮烂一些，或做成豆沙，
便于宝宝消化吸收。

苹果猕猴桃羹

准备时间: 5分钟; 烹饪时间: 20分钟; 难易指数: ★

营养食材

苹果 1/4 个

猕猴桃 1/2 个

开胃做法

①苹果洗净, 去皮、去核后, 切成小丁; 猕猴桃去皮, 切成丁。

②将苹果丁放入锅内, 加水大火煮沸, 再转小火煮 2 分钟, 出锅时加入猕猴桃丁即可。

吃了快快长

苹果含有一定的**果酸**和**黄酮类化合物**, 猕猴桃富含**维生素C**, 通常不需要加热。如果做成水果羹, 苹果、梨可以煮, 猕猴桃可以等出锅后再加入, 以免破坏了维生素C。

第4周 红豆、芦笋、冬瓜

红豆粥

准备时间: 10小时; 烹饪时间: 50分钟; 难易指数: ★★

营养食材

大米 50 克

红豆 30 克

开胃做法

①大米、红豆分别洗净后, 红豆浸泡 10 小时。

②将大米、红豆放入锅中, 加入适量水煮至粥稠烂即可。

吃了快快长

红豆属于全谷类, 营养价值较高, 含有丰富的**碳水化合物**、**蛋白质**、**钾**、**镁**、**铁**、**B族维生素**等。红豆中还含有较多的**膳食纤维**, 具有一定的润肠通便功效。

芦笋香菇羹

准备时间：5分钟；烹饪时间：20分钟；难易指数：★★

营养食材

芦笋2根

香菇5朵

植物油少许

开胃做法

①将芦笋、香菇洗净，放入开水锅中焯熟，捞出沥干，切碎。

②油锅烧热，放芦笋、香菇略炒。

③锅内加适量清水，煮至食材软烂即可。

吃了快快长

香菇属于菌菇类，含有丰富的**膳食纤维、香菇多糖**等成分；芦笋含有丰富的**维生素C**，要先焯熟再切，以免营养损失。

芦笋虽营养丰富，但不是宝宝最开始可以吃的蔬菜，因为它不易消化，尽量在8月龄以后添加。

冬瓜粥

准备时间: 30分钟; 烹饪时间: 30分钟; 难易指数: ★★

营养食材

大米 50 克

冬瓜 20 克

植物油少许

开胃做法

①大米淘洗干净, 浸泡 30 分钟。

②冬瓜洗净, 去皮, 切成小丁。

③将冬瓜和大米一起熬煮成粥, 加几滴植物油即可。

吃了快快长

冬瓜含有**维生素C、膳食纤维**等营养成分, 含水量很高, 每100克冬瓜含水达96克, 多吃冬瓜补充水分自然会"利尿"。

冬瓜等瓜类蔬菜属于营养价值较低的蔬菜, 远不及绿叶蔬菜高。因此可以加点猪肉末做成汤粥, 蔬菜、肉类、谷类相结合, 营养搭配比较均衡。

103

玉米红薯软面

准备时间: 30分钟; 烹饪时间: 10分钟; 难易指数: ★★★

营养食材

宝宝面条 20 克

红薯 20 克

玉米粒 20 克

植物油少许

开胃做法

①玉米粒洗干净, 放入沸水中煮熟后, 倒入搅拌机内, 搅打成玉米泥。

②红薯洗净, 去皮, 切小块。

③将红薯放入锅内蒸熟, 取出后研磨成红薯泥。

④锅内加水, 滴几滴植物油, 放入面条煮至软烂。

⑤将煮好的面条盛入碗中, 倒入红薯泥和玉米泥, 搅拌均匀即可。

吃了快快长

玉米是常见的黄色食物, 含有丰富的**胡萝卜素**, 玉米红薯软面含有丰富的**淀粉**, 可为宝宝成长增加能量。同时注意肉类的摄入。

面条的营养价值不比米饭差, 宝宝如果不愿意吃米饭但爱吃面条, 也可以把面条当作谷类的重要来源。需要提醒的是, 少数人对小麦蛋白过敏, 即所谓的"麸质过敏"。

西蓝花蛋黄粥

准备时间: 30分钟; 烹饪时间: 30分钟; 难易指数: ★★★

营养食材

西蓝花 3 朵

熟鸡蛋 1 个

大米 50 克

植物油少许

开胃做法

①熟鸡蛋取蛋黄部分。

②将蛋黄磨碎, 然后取一半的量。

③将西蓝花放入清水中浸泡半小时左右, 放入沸水中焯熟后切碎。

④大米洗净, 以大米:水 = 1:5 的比例放入电饭煲内, 煮成米粥。

⑤米粥中加入蛋黄煮沸, 然后加入西蓝花碎, 稍煮一下, 加入少许植物油,
拌匀即可。

吃了快快长

西蓝花含有非常丰富的 β - 胡萝卜素、钙和维生素C 等, 其嫩茎烹炒后柔嫩可口, 是补钙
和补充维生素C的良好食材。

妈妈还可以把西蓝花切成小
块煮熟煮烂一点, 让宝宝用手
抓着吃, 锻炼宝宝吃"手指食
物"的能力。

鸡胸肉软粥

准备时间: 10分钟; 烹饪时间: 30分钟; 难易指数: ★

营养食材

鸡胸肉 20 克

米粥 1 碗

植物油少许

开胃做法

①将鸡胸肉洗净, 剁成末。

②锅内倒入米粥, 加入鸡肉末, 熬煮至软烂, 加入少许植物油(亚麻子油或核桃油)即可。

吃了快快长

鸡肉含有**铁**、**锌**等营养素, 且鸡肉中的**蛋白质**含量相当高, 比猪肉、羊肉、牛肉都要高。亚麻子油或核桃油都含有丰富的**亚油酸**和**α-亚麻酸**, 其中亚麻子油含 α-亚麻酸高达50%以上。

亚油酸和 α-亚麻酸属于必需脂肪酸, α-亚麻酸在体内可以转化成DHA, 转化效率在3%~5%不等。根据中国营养学会的建议, 摄入的α-亚麻酸和亚油酸比例应在1:4。而橄榄油、花生油、葵花子油等几乎不含 α-亚麻酸。

番茄肉末烂面条

准备时间: 5分钟; 烹饪时间: 20分钟; 难易指数: ★★

营养食材

宝宝面条 30 克

番茄 1 个

鸡蛋 1 个

猪肉末 20 克

植物油适量

开胃做法

①将番茄洗净后用热水烫一下, 去皮, 捣成泥; 鸡蛋取蛋黄, 打散。

②油锅烧热, 炒熟猪肉末。

③将宝宝面条放入锅中, 煮沸后, 放入番茄泥, 打入打散的蛋黄, 然后加入熟猪肉末, 煮熟后出锅即可。

吃了快快长

番茄肉末烂面条的主要营养成分有**蛋白质、碳水化合物、维生素**等, 番茄中含有一定的有机酸, 有利于调动宝宝的食欲。

番茄可以与多种食材搭配, 做成的辅食宝宝也爱吃。选择番茄时最好选择自然熟的。

107

牛肉香菇粥

准备时间: 10分钟; 烹饪时间: 40分钟; 难易指数: ★★

营养食材

牛肉 20 克

香菇 1 朵

大米 40 克

芹菜碎少许

植物油少许

开胃做法

①牛肉洗净, 入锅炖熟后切碎。

②香菇洗净切成末。

③大米洗净, 放入锅内加水大火煮沸, 转小火时, 将牛肉碎、香菇末和芹菜碎放入锅中, 煮熟后加入少许植物油 (如亚麻子油或核桃油) 即可。

吃了快快长

牛肉富含**蛋白质、铁、锌**; 芹菜含有丰富的**膳食纤维**。牛肉香菇粥营养丰富、均衡, 是给宝宝补充能量, 补铁, 补锌的良好辅食。

注意给宝宝选含腱子少的牛肉, 如牛里脊肉, 并注意煮烂。

百宝豆腐羹

准备时间: 1小时; 烹饪时间: 40分钟; 难易指数: ★★★

营养食材

豆腐 30 克

鸡肉 10 克

香菇 1 朵

虾仁 3 个

菠菜 1 棵

植物油少许

开胃做法

① 将鸡肉、虾仁洗净剁成泥; 香菇洗净, 切丁; 菠菜焯水后切末; 豆腐压成泥。

② 锅中加水, 煮开后放鸡肉泥、虾仁泥、香菇丁, 再煮开后, 放入豆腐泥和菠菜末, 小火煮至熟, 加入少许植物油即可。

吃了快快长

鸡肉、虾仁含有对宝宝生长发育非常重要的**优质蛋白质**, 为宝宝生长发育提供物质基础。

不要低估宝宝接受清淡食物的能力, 1岁以内宝宝的辅食一定要无盐、无糖, 保持原味。

清甜翡翠羹

准备时间：1小时；烹饪时间：40分钟；难易指数：★★★

营养食材

香菇 1 朵

鸡肉 20 克

豆腐 20 克

西蓝花 1 朵

鸡蛋 1 个

植物油少许

开胃做法

①香菇洗净切丝；鸡肉切丁；豆腐压成泥；西蓝花烫熟切碎；鸡蛋取蛋黄，打成蛋液。

②锅中加水煮开，下香菇丝和鸡肉丁。

③再次煮开，下豆腐泥、西蓝花碎和蛋液，煮熟后，加入少许植物油即可。

吃了快快长

清甜翡翠羹含有丰富的食材，包括富含优质**蛋白质**的鸡肉、鸡蛋、豆腐，以及营养价值较高的西蓝花，荤素搭配，营养较为均衡。另外，多增加香菇等菌菇类食物的摄入，还可提高身体免疫力。

这个阶段的宝宝已经长牙，有咀嚼能力了，可以让他吃稍微硬一点的东西，自己用牙齿咀嚼食物，有利于乳牙的萌出。

小米芹菜粥

准备时间: 3分钟; 烹饪时间: 30分钟; 难易指数: ★★

营养食材

小米 50 克

芹菜 30 克

植物油少许

开胃做法

①小米洗净, 加水放入锅中, 熬成粥。

②芹菜洗净, 切成丁, 在小米粥熟时放入, 再煮 3 分钟, 加入少许植物油 (亚麻子油或核桃油) 即可。

吃了快快长

小米中含有丰富的**B族维生素**、**β-胡萝卜素**等,**铁**的含量也比大米高。小米芹菜粥虽不是常见的做法, 但也可以一试。当然, 再加点肉末, 营养更均衡。

虽然宝宝已经出牙, 但给宝宝吃的芹菜最好还是去筋、切碎, 特别是西芹, 这样能避免宝宝嚼不动。一般来说, 给宝宝选用小香芹最佳。

红绿蛋花汤

准备时间: 10分钟; 烹饪时间: 15分钟; 难易指数: ★★

营养食材

番茄1/2个

鸡蛋1个

芹菜叶少许

植物油少许

开胃做法

①番茄洗净、去皮、切丁; 芹菜叶洗净, 切碎; 鸡蛋取蛋黄, 打成蛋黄液。

②锅中放水, 加入番茄丁, 煮沸后打入蛋黄液, 撒入芹菜叶碎。

③蛋花成形后关火, 滴几滴植物油即可。

吃了快快长

芹菜叶含有**维生素C**, 番茄含有丰富的**胡萝卜素和钾**。对于不爱喝白开水的宝宝, 这道汤在补充营养的同时还能补充水分。

妈妈用芹菜叶做辅食时, 与番茄或水果搭配, 宝宝会更容易接受。

土豆香菇鸡肉粥

准备时间: 30分钟; 烹饪时间: 30分钟; 难易指数: ★★★

营养食材

大米 50 克

鸡肉 30 克

土豆 1/4 个

香菇 2 朵

植物油少许

开胃做法

①大米淘洗干净, 浸泡 30 分钟。

②鸡肉洗净、剁碎; 土豆去皮、切丁; 香菇洗净, 去蒂, 切丁。

③大米放入锅中, 加适量水煮成粥, 加入鸡肉丁、土豆丁、香菇丁, 用小火煮熟(也可以将鸡肉丁、土豆丁、香菇炒熟), 加入几滴植物油即可。

吃了快快长

土豆香菇鸡肉粥含有丰富的**碳水化合物**、**蛋白质**、**钾**、**铁**、**锌**等, 营养比较均衡, 不仅能为宝宝身体发育提供能量, 还能促进牙齿、骨骼的正常发育。

给宝宝做辅食, 根据饮食习惯
可以灵活变通, 如宝宝爱吃面
食, 可以做荤素搭配的面条。

113

蛋黄菠菜粥

准备时间: 10分钟; 烹饪时间: 20分钟; 难易指数: ★★★

营养食材

菠菜 40 克

熟鸡蛋黄 1 个

米饭 1 碗

植物油少许

开胃做法

①菠菜洗净, 焯水后切碎。

②将熟鸡蛋黄压成蛋黄泥。

③米饭煮成粥, 将菠菜碎与蛋黄泥拌入, 加入少许植物油即可。

吃了快快长

菠菜含有丰富的**维生素C、β-胡萝卜素、叶酸、钾**等。蛋黄含有丰富的**优质蛋白质、卵磷脂、锌、B族维生素**等。

缩短地焯的菠菜
焯煮的时间, 水开
始呈淡黄绿色、菠菜
颜色还是青翠的时
候, 就可以捞出了。

大米绿豆南瓜粥

准备时间: 30分钟; 烹饪时间: 30分钟; 难易指数: ★★

营养食材

大米 50 克

绿豆 20 克

南瓜 50 克

开胃做法

①南瓜洗净,去皮、去子,切块;将大米、绿豆淘洗干净,浸泡 30 分钟。

②将大米、绿豆放入锅中,加适量水,小火煮至七成熟,放入南瓜块,待南瓜熟透后即可。

吃了快快长

主食是**B族维生素**的主要来源,南瓜中含有丰富的 β−**胡萝卜素、可溶性膳食纤维**,糯糯甜甜的,和绿豆、大米煮成的粥,更有营养。

炎炎夏日,给宝宝食用绿豆,可补充体内丢失的营养成分。

10月龄

可以尝试软米饭了

宝宝一天膳食餐次安排

早上 7 点　　母乳 / 配方奶，加水果或其他辅食

早上 10 点　　母乳 / 配方奶

中午 12 点　　各种小颗粒状辅食，可尝试软米饭、小面片等

下午 3 点　　母乳 / 配方奶，加水果或其他辅食

下午 6 点　　各种小颗粒状辅食，可尝试软米饭、小面片等

晚上 9 点　　母乳 / 配方奶

宝宝一天膳食总量安排

母乳 / 配方奶　600~700 毫升　　　蔬菜　50~100 克

谷类　50 克　　　　　　　　　　水果　50~100 克

禽畜肉、鱼虾、蛋类　50~75 克　　水　少量

油　5~10 克　　　　　　　　　（注：不加调味品）

为什么这么喂?

10 月龄的宝宝营养需求和上个月差不多，蛋白质、脂肪、矿物质以及维生素的量和比例没有大的变化，但每日辅食可以安排 2~3 餐，并让他尝试自己啃咬香蕉、苹果、煮熟的土豆或胡萝卜小块。

开动啦!

这个月，要开始锻炼宝宝的细嚼能力和小手精细动作，辅食中逐步增加小颗粒状的固体，并试着让宝宝自己拿勺子吃。在给宝宝尝试各类辅食的同时，注意摄入富含铁、锌的食物。

本月龄的宝宝，牙床能捣碎硬度跟熟香蕉差不多的食物，以大米：水=1:4的比例煮成的软米饭，正好适合给此时的宝宝添加，从少量尝试，如果宝宝接受良好，就可以继续给宝宝吃了。

在宝宝出牙期，他可能因为不适而不愿意吃辅食，为了让宝宝吃进更多辅食，可以用食物造型和色彩搭配，引起宝宝的兴趣。

生菜软米饭

准备时间:30分钟;烹饪时间:30分钟;难易指数:★★

营养食材

大米 50 克

生菜叶 1 片

开胃做法

①大米淘洗干净后浸泡 30 分钟。

②生菜叶洗净,烫熟后切碎。

③以大米:水 = 1:4 的比例放入电饭煲内,煮熟后取出,加入生菜叶碎,搅拌均匀。

吃了快快长

大米是常吃的谷类,富含**碳水化合物**和一定量**B族维生素**,但大米中的蛋白质利用率不高,因此,给宝宝吃生菜软米饭时,注意搭配点肉类、豆腐等,有利于提高蛋白质的利用率。

彩虹牛肉糙米粉饭

准备时间:20分钟;烹饪时间:25分钟;难易指数:★★★

营养食材

糙米粉 50 克

牛肉 25 克

紫甘蓝 10 克

南瓜 20 克

四季豆 15 克

开胃做法

①牛肉煮熟后,剁成肉泥备用。

②所有蔬菜洗净后,分别切碎末。

③紫甘蓝末、南瓜末、四季豆末和牛肉泥中分别加入糙米粉。

④将拌匀后的牛肉泥置于盘子底部,上部放蔬菜。

⑤将盘子放入蒸锅中,大火蒸 20 分钟至熟即可。

吃了快快长

紫甘蓝富含**叶酸**和**维生素C**;牛肉富含**优质蛋白质**、**铁**、**锌**等;糙米粉中B族维生素、**膳食纤维**含量高。彩虹牛肉糙米粉饭将谷类、肉类、蔬菜相结合,营养丰富均衡。

红豆黑米粥

准备时间:10小时;烹饪时间:30分钟;难易指数:★

营养食材

大米 10 克

黑米 20 克

红豆 30 克

开胃做法

①大米、黑米、红豆分别洗净后,红豆浸泡10小时。

②将大米、黑米、红豆放入锅中,加入适量水煮至稠烂即可。

吃了快快长

黑米、红豆等全谷类或杂豆、杂粮营养价值高,富含**膳食纤维**,其中黑米含有较多的**原花青素**,具有抗氧化作用。10月龄的宝宝可以少量尝试这道红豆黑米粥,尤其是膳食纤维摄入不足的宝宝。

红豆黑米粥一定要煮烂才有利于宝宝消化吸收。不建议给宝宝频繁食用杂粮类,以免影响铁、锌等微量元素的吸收。

核桃燕麦豆奶糊

准备时间: 10小时; 烹饪时间: 10分钟; 难易指数: ★

营养食材

黄豆 50 克

核桃仁 2 个

燕麦 10 克

配方奶粉 20 克

开胃做法

①黄豆洗净, 用水浸泡 10 小时。

②将黄豆、燕麦和核桃仁倒入豆浆机中, 倒入适量温开水, 制成豆浆。

③在豆浆中加入配方奶粉, 混合均匀即可。

吃了快快长

核桃燕麦豆奶糊将多种食材搭配一起, 富含**蛋白质、卵磷脂、铁、锌、膳食纤维**等。核桃中的 α−亚麻酸可以转化为DHA, 有利于宝宝大脑发育, 能让宝宝更聪明。

部分宝宝可能时核桃等坚果过敏, 初次尝试应注意观察, 最好一种一种尝试, 都不过敏再做成复合辅食。

121

番茄洋葱蛋汤

准备时间: 5分钟; 烹饪时间: 15分钟; 难易指数: ★★

营养食材

番茄1个

鸡蛋1个

洋葱适量

开胃做法

①将番茄洗净,用开水烫一下,去皮,切丁;洋葱洗净,切丁;鸡蛋取蛋黄打散。

②锅中加水,放入番茄丁略煮后,放入洋葱丁煮熟,再淋上蛋黄液即可。

吃了快快长

番茄富含**钾**、**β-胡萝卜素**等,鸡蛋富含**蛋白质**、**卵磷脂**、**维生素A**、**锌**、**硒**等。番茄洋葱蛋汤在给宝宝补充营养的同时还可以补充水分,不爱喝水的宝宝可以用此汤代替。

生洋葱有很强的辣味,给宝宝吃的洋葱要切成小丁,煮熟透,如果宝宝不愿意吃也不要勉强。

平菇蛋花青菜汤

准备时间: 10分钟; 烹饪时间: 15分钟; 难易指数: ★★

营养食材

平菇50克
鸡蛋1个
青菜50克
植物油适量

开胃做法

①平菇洗净, 撕成小条; 青菜择洗干净, 切碎; 鸡蛋取蛋黄, 打散成蛋黄液。

②油锅烧热, 倒入平菇条炒至熟。

③另取一锅, 倒入适量水, 煮开后倒入炒熟的平菇条, 再加入蛋黄液和青菜碎略煮即可。

吃了快快长

平菇属于菌菇类, 富含**钾、烟酸**等营养素, 菌菇类味道都比较鲜, 可以帮助打开宝宝食欲。

菌菇类不容易消化, 注意切碎煮烂。

苦瓜粥

准备时间：30分钟；烹饪时间：30分钟；难易指数：★★

营养食材

苦瓜 20 克

大米 50 克

开胃做法

① 苦瓜洗净后去瓤，切成丁；大米淘洗干净，浸泡30分钟。

② 先将大米放入锅中加水煮沸，再放苦瓜丁，煮至粥稠即可。

吃了快快长

苦瓜粥富含**膳食纤维、苦瓜苷、磷**等，苦瓜属"苦"味，给宝宝尝尝也能促进味觉发育。

在沸水中略焯，能够去除苦瓜中的部分草酸，如果宝宝不喜欢吃，也不要强求。

香菇鸡丝粥

准备时间: 30分钟; 烹饪时间: 30分钟; 难易指数: ★★

营养食材

鸡肉 50 克

大米 30 克

黄花菜 10 克

香菇 3 朵

开胃做法

①黄花菜浸泡洗净、切段; 香菇洗净, 去蒂, 切丝。

②鸡肉洗净、切丝; 大米淘净, 浸泡 30 分钟。

③将大米、黄花菜段、香菇丝放入锅内煮沸, 再放入鸡丝煮至粥熟即可。

吃了快快长

黄花菜含有丰富的**钙、钾、铁、锌、烟酸**等。香菇中富含**钙、磷、铁、B族维生素**等成分。香菇鸡丝粥食材多样, 营养丰富, 有利于宝宝生长发育。

新鲜的黄花菜含有毒的秋水仙碱, 不能马上食用。在食用干黄花菜时应先用冷水浸泡 20 分钟甚至更久。

绿豆薏米粥

准备时间：2小时；烹饪时间：30分钟；难易指数：★

营养食材

绿豆 30 克

薏米 30 克

大米 30 克

红枣 4 颗

开胃做法

①薏米、绿豆洗净，用清水浸泡 2 小时；大米洗净；红枣洗净，去核，切碎。

②将绿豆、薏米、大米、红枣放入锅中，加适量清水，煮至豆烂米熟即可。

吃了快快长

绿豆等杂粮的营养价值高于精白的大米，当宝宝可以喝粥以后，不妨加点这类杂粮。绿豆薏米粥不仅能补充水分，还有利于增加**B族维生素**和**膳食纤维**的摄入。

薏米不容易煮烂，注意提前浸泡，可用高压锅来煮。

什锦水果粥

准备时间: 30分钟; 烹饪时间: 35分钟; 难易指数: ★

营养食材

苹果 1/4 个

香蕉 1/2 根

草莓 2 颗

哈密瓜 1 小块

大米 50 克

开胃做法

①大米淘洗干净, 浸泡30分钟; 草莓洗净, 用淡盐水浸泡20分钟。

②苹果洗净, 去皮、去核, 切丁; 香蕉去皮, 切丁; 哈密瓜洗净, 去皮、去瓤, 切丁; 草莓冲洗干净, 去蒂, 切丁。

③大米加水煮成粥, 熟时加入苹果丁、香蕉丁、哈密瓜丁和草莓丁, 稍煮即可。

吃了快快长

什锦水果粥, 将多种水果一起与主食搭配, 做出不一样的美味, 可口又营养, 有利于维持肠道正常功能。

最好选择硬度适中的水果, 硬度太大, 宝宝咬不碎, 不仅不易消化, 还会让宝宝产生厌食情绪。水果可按季节和宝宝的口味进行调整。

南瓜红薯饭

准备时间：1小时；烹饪时间：35分钟；难易指数：★★

营养食材

南瓜 20 克

红薯 20 克

大米 30 克

小米 20 克

开胃做法

①大米、小米洗净后加水浸泡1小时；南瓜洗净，削皮去子，切小丁；红薯洗净去皮，切小丁。

②把泡好的大米、小米和南瓜丁、红薯丁加适量水，放入电饭煲内煮熟即可。

吃了快快长

南瓜、红薯、小米富含 β-**胡萝卜素**，β-胡萝卜素可在体内转化成有助于视力发育的**维生素A**。南瓜与红薯同煮，还可补充**可溶性膳食纤维**，适量的膳食纤维摄入有利于促进排便。

南瓜和红薯都是之前添加过的食材，混合食用，对宝宝来说，又是一种新的口感，重复的食材，变着花样，宝宝就不会腻烦。

青菜软米饭

准备时间: 30分钟; 烹饪时间: 35分钟; 难易指数: ★★

营养食材

大米 50 克

青菜叶 30 克

开胃做法

①大米淘净后浸泡 30 分钟。

②青菜叶洗净，烫熟后切碎。

③以大米∶水＝1∶4 的比例放入电饭煲内，米饭快熟时加入青菜叶，略煮即可。

吃了快快长

青菜软米饭易消化吸收，给宝宝补充**碳水化合物**的同时，还能补充**膳食纤维**和**维生素C**。

青菜软米饭的味道比较淡，想让这道辅食更好吃，可以在煮饭的时候滴几滴香油，香味浓郁，营养价值也高。

在宝宝长牙期，牙龈会有些
不适，比如牙龈痒、牙龈疼
痛等，给他吃点带有颗粒的
稍微硬点的食物，不仅有利
于促进牙齿萌发，还可以缓
解出牙带来的不适。

给宝宝制作辅食应选用新鲜
的虾，虽然处理起来有点麻
烦，但食材质量更有保障。

番茄鸡蛋面疙瘩

准备时间: 15分钟; 烹饪时间: 20分钟; 难易指数: ★★

营养食材

面粉 40 克

番茄 1 个

鸡蛋 1 个

香油少许

开胃做法

①番茄洗净, 去皮、切成小丁; 鸡蛋取蛋黄, 打散成蛋黄液。

②将面粉放入大碗中, 倒入适量水, 用筷子拌成面疙瘩。

③将番茄丁放入锅中, 倒入适量水, 大火煮沸。

④放入面疙瘩, 不停搅拌, 再次煮沸后, 打入搅散的蛋黄液, 快熟时淋上香油即可。

吃了快快长

番茄鸡蛋面疙瘩营养丰富, 包含了番茄的酸味和香油的香味。番茄富含**钾、β-胡萝卜素**及有机酸等, β-胡萝卜素可在体内转化成**维生素A**, 有助于保护宝宝的视力。

蔬菜虾泥软米饭

准备时间: 10分钟; 烹饪时间: 20分钟; 难易指数: ★★★

营养食材

鲜虾 3 只

番茄 1 个

芹菜 10 克

香菇 1 朵

胡萝卜 15 克

软米饭 1 碗

开胃做法

①番茄洗净, 去皮切丁; 香菇洗净, 去蒂切丁; 胡萝卜、芹菜均洗净, 切丁; 鲜虾去壳、去虾线, 取虾仁洗净, 剁成虾泥后蒸熟。

②把所有蔬菜加水煮熟, 再加虾泥煮熟, 把此汤料淋在煮好的软米饭上即可。

吃了快快长

番茄含有丰富的**维生素C、β-胡萝卜素**及**矿物质**; 虾营养丰富, 富含**锌、硒**等营养素, 还是补钙佳品。

玉米红豆粥

准备时间: 10小时; 烹饪时间: 30分钟; 难易指数: ★★

营养食材

红豆 20 克

玉米 30 克

大米 50 克

开胃做法

①将红豆洗净, 用温开水浸泡10小时。

②玉米和大米淘洗干净。

③将红豆、玉米和大米一同放入锅中, 加水
  煮成粥即可。

吃了快快长

玉米红豆粥富含**碳水化合物、B族维生素**等。玉米和红豆有较多
的**膳食纤维**, 有利于预防宝宝便秘。

相比于绿豆, 红豆不易煮熟,
而且宝宝吃红豆可能不易消
化, 所以一定要将红豆浸泡充
分, 煮烂, 必要时可以打成糊。

红薯红枣粥

准备时间: 10分钟; 烹饪时间: 20分钟; 难易指数: ★★

营养食材

大米 30 克

红薯 30 克

红枣 3 颗

开胃做法

①红薯洗净后, 去皮, 切成薄片; 红枣洗净后, 去核, 切成薄片。

②将大米淘洗干净后, 加水用大火煮开, 再转小火, 加入切成薄片的红薯和红枣, 慢慢煮至大米与红薯熟烂即可。

吃了快快长

红薯红枣粥很适合做辅食, 粥中所含的**膳食纤维**能促进肠道蠕动, 对防止宝宝粪便干结有良好作用。

给宝宝吃红枣时, 一定要煮烂并捣碎, 以免宝宝误吸入气管。

133

鸡肉香菇粥

准备时间: 30分钟; 烹饪时间: 30分钟; 难易指数: ★★

营养食材

大米 50 克

鸡肉 30 克

香菇 2 朵

香油适量

开胃做法

①大米淘洗干净, 浸泡 30 分钟。

②鸡肉洗干净、剁碎; 香菇洗净、去蒂, 切小丁。

③大米入锅, 加水熬煮成粥, 再加鸡肉碎、香菇丁, 用
小火煮熟, 出锅时滴上香油即可。

吃了快快长

鸡肉香菇粥营养丰富, 谷类与禽肉类搭配, 有利于发挥**蛋白质**互补的作用。

香菇分干香菇和鲜香菇, 要
尽可能给宝宝选用新鲜的香
菇。鸡肉香菇粥里还可以
加点胡萝卜丁或其他蔬菜。

白菜肉末面

准备时间: 10分钟; 烹饪时间: 30分钟; 难易指数: ★★

营养食材

白菜 20 克

猪瘦肉 50 克

鸡蛋 1 个

宝宝面条 50 克

香油少许

开胃做法

①猪瘦肉洗净,剁成末;白菜择洗干净,切成末;鸡蛋取
蛋黄,打散成蛋黄液。

②将水倒入锅内,加入面条煮软后,加入肉末、白菜末稍
煮,再将蛋黄液淋入锅内,加香油即可。

吃了快快长

白菜含有丰富的**膳食纤维**和**维生素C**,能刺激肠胃蠕动,帮助消化,与猪肉搭
配,还能促进人体对蛋白质的吸收。猪肉中的**铁**能有效预防宝宝缺铁和出现
缺铁性贫血。

白菜中也含有一定
量的钙,也是宝宝
补钙的食材之一。

紫菜豆腐粥

准备时间: 30分钟; 烹饪时间: 30分钟; 难易指数: ★★

营养食材

紫菜 20 克

豆腐 20 克

大米 50 克

开胃做法

①大米淘洗干净, 浸泡 30 分钟。

②将豆腐洗净, 切成小丁; 紫菜漂洗干净, 切碎。

③大米加水熬成粥, 加入豆腐丁、紫菜, 转小火煮至豆腐熟即可。

吃了快快长

豆腐的**蛋白质**属于优质蛋白, 与谷类同时食用, 可以起到蛋白质互补的作用, 提高蛋白质的利用率。紫菜含有丰富的**碘、铁**等营养素, **膳食纤维**含量也较高。

宝宝1岁以内不建议吃盐, 所以喂辅食以后就要逐步添加含碘丰富的食物。

蛋黄碎牛肉粥

准备时间：10分钟；烹饪时间：40分钟；难易指数：★★

营养食材

牛肉 30 克

熟鸡蛋黄 1 个

米饭 1 碗

开胃做法

①牛肉洗净，入锅炖熟后切碎。

②将熟鸡蛋黄压成蛋黄泥。

③米饭加水熬成粥，将牛肉碎、蛋黄泥拌入即可。

吃了快快长

牛肉富含优质**蛋白质**和**铁、锌**等元素，能为宝宝提供能量；蛋黄中的**卵磷脂**，有助于宝宝大脑的发育。

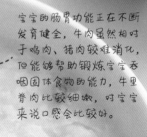

宝宝的肠胃功能正在不断发育健全，牛肉虽然相对于鸡肉、猪肉较难消化，但能够帮助锻炼宝宝吞咽固体食物的能力，牛里脊肉比较细嫩，对宝宝来说口感会比较好。

如果为了方便和节省时间，购买了处理好的蔬菜（玉米粒、胡萝卜丁、豌豆），一定要注意生产日期和保质期。

土豆要切成小丁，并且充分煮到绵软，便于宝宝食用。如果切得较大，可以在煮熟后用勺子压一压。

什锦蔬菜粥

准备时间: 30分钟; 烹饪时间: 30分钟; 难易指数: ★★

营养食材

大米 30 克

芹菜适量

胡萝卜适量

黄瓜适量

玉米粒适量

开胃做法

①将大米淘洗干净, 浸泡 30 分钟。

②胡萝卜、芹菜、黄瓜分别洗净, 切丁。

③将大米和玉米粒放入锅中, 加适量水熬煮, 粥将熟时, 放入胡萝卜丁、芹菜丁、黄瓜丁, 再煮 10 分钟即可。

吃了快快长

什锦蔬菜粥含有丰富的**碳水化合物**、β-**胡萝卜素**等, 可为宝宝提供充足的能量。芹菜、玉米粒含有丰富的**膳食纤维**, 适量的膳食纤维摄入有利于预防便秘。

青菜土豆肉末羹

准备时间: 5分钟; 烹饪时间: 20分钟; 难易指数: ★★

营养食材

青菜 3 棵

土豆 1/2 个

猪肉末 20 克

干淀粉 10 克

香油少许

植物油适量

开胃做法

①青菜洗净切段; 土豆去皮, 洗净, 切小丁。

②油锅烧热, 下猪肉末炒散, 下土豆丁, 炒 5 分钟。

③锅中倒入适量水, 加入炒好的猪肉末和土豆丁, 煮开后, 转小火煮 10 分钟, 再倒入干淀粉搅拌均匀, 然后放青菜段略煮, 出锅前加香油即可。

吃了快快长

青菜含有丰富的**钾、钙、镁、维生素C、膳食纤维**等。土豆富含**淀粉、钾**等营养素。

山药鱼肉粥

准备时间：30分钟；烹饪时间：30分钟；难易指数：★★

营养食材

鱼肉 30 克

大米 50 克

山药 50 克

开胃做法

①大米洗净，浸泡 30 分钟。

②鱼肉去刺切片；山药洗净去皮，切片。

③大米、山药片入锅，加适量水煮成粥，再加入
鱼肉片略煮即可。

吃了快快长

鱼肉富含**维生素A和维生素E**，能够增强宝宝的免疫力并维持正常的
机体功能。另外，鱼肉中还含有被俗称为"脑黄金"的DHA，有利于
宝宝大脑发育。

给宝宝吃用鱼肉熬煮的粥或汤
时，一定要确保鱼刺被剔除干
净，刺多且小的鱼类，如鲫鱼，
更要格外注意，最好只取用鱼
腩，以防宝宝被鱼刺卡到。

青菜肉末面

准备时间: 5分钟; 烹饪时间: 20分钟; 难易指数: ★★

营养食材

青菜叶2片

香菇2朵

猪肉末适量

虾皮适量

宝宝面条50克

植物油适量

开胃做法

①青菜叶洗净, 切小段; 香菇洗净, 切丝, 与青菜一起用水焯一下。

②油锅烧热, 炒熟猪肉末, 盛入碗里。

③另取一锅, 锅里加适量水烧开, 加入香菇丝煮熟后下入面条, 继续煮5分钟, 放青菜段、虾皮、炒熟的猪肉末, 略煮即可。

吃了快快长

青菜肉末面的主要营养成分有**蛋白质**、**碳水化合物**、**B族维生素**、**维生素C**、**钙**、**铁**等, 将绿叶菜、肉类与主食搭配, 营养更均衡。面条易于消化吸收, 可作为宝宝的日常主食。

当宝宝比较抗拒粥、面等主食的时候, 就要考虑在辅食中添加鲜美的味道, 虾皮不仅营养丰富, 还能代替调味品, 在宝宝尝试盐、酱油之前, 是很好的开胃食材, 吃前注意泡一下。

11月龄

颗粒大点也不怕

宝宝一天膳食餐次安排

早上 7 点　　母乳 / 配方奶，加水果或其他辅食

早上 10 点　　母乳 / 配方奶

中午 12 点　　各种大颗粒状辅食，可尝试碎馒头、馄饨等

下午 3 点　　母乳 / 配方奶，加水果或其他辅食

下午 6 点　　各种大颗粒状辅食，可尝试碎馒头、馄饨等

晚上 9 点　　母乳 / 配方奶

宝宝一天膳食总量安排

母乳 / 配方奶　600~700 毫升		蔬菜　　50~100 克
谷类　50~75 克		水果　　50~100 克
禽畜肉、鱼虾、蛋类　50~75 克		水　　少量
油　5~10 克		（注：不加调味品）

为什么这么喂?

本月龄的宝宝，可吃的食物种类有所增加，除了刺激性较大的蔬菜，如辣椒，其余基本都能吃。值得注意的是，烹饪的方法要科学，不能给宝宝吃油炸的食物。

开动啦!

为了锻炼宝宝的咀嚼和吞咽能力，妈妈要多制作一些大颗粒状的食物。

白萝卜生吃有点辛辣，给宝宝尝试注意煮熟煮透。

把宝宝不爱吃的食物隐藏在馅料中，有利于让宝宝逐步接受这类食物。

白萝卜粥

准备时间：30分钟；烹饪时间：30分钟；难易指数：★★

营养食材

白萝卜 50 克

大米 50 克

开胃做法

①白萝卜去皮洗净，切成丝；大米洗净，浸泡 30 分钟。

②锅中放入大米和适量水，大火烧沸后改小火，熬煮成粥。

③待粥煮熟时，放入白萝卜丝，略煮片刻即可。

吃了快快长

白萝卜属于颜色较浅的根茎类蔬菜，含有一定的**维生素C、钙、膳食纤维**。作为十字花科类蔬菜，有着独特的味道，可以少量给宝宝尝试，添加辅食时注意多尝试食材，有利于预防宝宝挑食偏食。

萝卜虾泥馄饨

准备时间：30分钟；烹饪时间：15分钟；难易指数：★★★

营养食材

馄饨皮 15 个

白萝卜 20 克

胡萝卜 20 克

虾仁 40 克

鸡蛋 1 个

香油少许

植物油适量

开胃做法

①白萝卜、胡萝卜、虾仁分别洗净，剁碎；鸡蛋取蛋黄，打成蛋黄液。

②油锅烧热，下虾仁碎煸炒，再放入蛋黄液，划散后盛起晾凉。

③把所有陷料混合，包成馄饨，煮熟后加香油调味即可。

吃了快快长

馄饨皮薄，宝宝容易咀嚼吞咽，馅料荤素搭配，营养均衡。这道辅食富含**碳水化合物、蛋白质、脂肪**，为机体提供丰富的营养物质。

时蔬浓汤

准备时间: 5分钟; 烹饪时间: 20分钟; 难易指数: ★★

营养食材

番茄1个

绿豆芽50克

土豆1个

植物油适量

开胃做法

①绿豆芽洗净, 切段; 土豆、番茄洗净, 去皮切丁。

②油锅烧热, 先将番茄和土豆炒一下, 加水煮开后放入绿豆芽段, 大火煮沸后, 转小火, 熬煮至熟即可。

吃了快快长

时蔬浓汤, 食材种类多, 味道丰富, 颜色搭配也很漂亮, 能够提高宝宝的食欲。土豆含有丰富的**钾**、**淀粉**等; 番茄含有丰富的**钾**、**β－胡萝卜素**, 所含的**有机酸**有利于刺激胃酸分泌, 调动宝宝食欲。

这个阶段宝宝的饮食还要注意食物的能量密度, 如果宝宝已经超重或肥胖, 就要控制能量摄入, 适量增加能量密度低的食物。如果宝宝消瘦, 就要注意增加能量密度高的食物, 如蛋黄、肉类。

什锦菜

准备时间：3分钟；烹饪时间：10分钟；难易指数：★★

营养食材

青菜 30 克

香菇 2 朵

金针菇 20 克

无盐高汤适量

植物油适量

开胃做法

①青菜择洗干净，切小段；香菇、金针菇洗净，去蒂，切成丁，焯熟。

②油锅烧热，将青菜段、香菇丁、金针菇丁放入炒一下，加入高汤稍煮即可。

吃了快快长

什锦菜将多种蔬菜搭配在一起，营养更均衡。青菜等绿叶蔬菜含有丰富的**钙、钾、镁、维生素C、膳食纤维**。金针菇含丰富的**烟酸**，还含有一定的**碳水化合物、蛋白质、膳食纤维**等。

金针菇消化困难，妈妈最好事先将金针菇切碎，去掉不容易消化的根部，并用沸水烫软。通常情况下，宝宝大便中出现没有消化彻底的蔬菜残渣也没有关系。

147

百合粥

准备时间：30分钟；烹饪时间：20分钟；难易指数：★★

营养食材

干百合 20 克

大米 30 克

开胃做法

①干百合撕瓣，洗净泡发；大米洗净，浸泡30分钟。

②将大米放入锅内，加适量清水，快熟时，加入百合煮成稠粥即可。

吃了快快长

干百合含有丰富的**淀粉**、**钾**、**镁**等营养素，还含有一定量的**铁**、**锌**。

由于不同的食材营养价值有差别，宝宝的饮食也要注意多样化，让宝宝接触各类食材，有利于预防宝宝挑食、偏食。

山药百合黑米粥

准备时间：2小时；烹饪时间：40分钟；难易指数：★★

营养食材

大米 30 克

黑米 10 克

山药 20 克

干百合 10 克

开胃做法

①将大米、黑米淘洗干净，浸泡 2 小时；山药去皮，洗净，切丁；干百合撕瓣洗净，泡发。

②锅内加入适量水，放入大米、黑米，熬煮成粥，再放入山药丁、百合，熬煮至熟即可。

吃了快快长

山药百合黑米粥食材种类多，营养均衡，富含**碳水化合物、钾、B族维生素**等营养成分，能帮助宝宝健康成长。

黑米外部有坚韧的种皮包裹，不易煮烂，所以煮前应先浸泡2个小时，或用高压锅熬煮。

149

什锦鸭羹

准备时间: 20分钟; 烹饪时间: 30分钟; 难易指数: ★★★

营养食材

鸭肉 50 克

香菇 3 朵

土豆 30 克

植物油适量

水淀粉少许

开胃做法

①将鸭肉洗净,切丁后焯水;香菇洗净,去蒂,切丁;土豆洗净,去皮,切丁。

②锅中加油,放入鸭肉丁、香菇丁、土豆丁炒一下,加水煮至熟烂,倒入水淀粉煮沸即可。

吃了快快长

什锦鸭羹食材丰富,营养均衡,含有丰富的**蛋白质**、**碳水化合物**、**钾**、**铁**、**锌**等。

鸭肉必须焯水,这是去除腥味的关键。在焯水之前,还可以把鸭肉放到加醋的水中浸泡1小时,然后洗净,不仅可以去腥,还能让鸭肉更加鲜嫩可口,更容易被宝宝接受。

栗子瘦肉粥

准备时间：1小时；烹饪时间：30分钟；难易指数：★★

营养食材

大米 50 克
栗子 3 个
猪肉末 30 克

开胃做法

①栗子去壳、洗净，煮熟之后去皮，捣碎；大米淘洗干净，浸泡1小时。

②锅中加适量水，加栗子、大米、猪肉末同煮，煮至粥熟即可。

吃了快快长

栗子属于坚果类，含有丰富的**淀粉**、**钾**、**镁**等营养素。肉类中的铁属于**血红素铁**，吸收率高，可有效预防宝宝缺铁性贫血。

给宝宝吃的栗子一定要捣碎，不要给整粒的栗子，以免发生噎食。

151

鳗鱼蛋黄青菜粥

准备时间: 30分钟; 烹饪时间: 30分钟; 难易指数: ★★

营养食材

熟鳗鱼肉 30 克

大米 50 克

熟鸡蛋黄 1 个

青菜叶 4 片

开胃做法

①熟鳗鱼肉去刺, 切片; 青菜叶洗净, 切碎; 熟鸡蛋黄磨碎; 大米淘洗干净, 浸泡 30 分钟。

②将大米放入锅中, 加水煮粥, 快熟时加入熟鸡蛋黄、青菜碎和熟鳗鱼片, 稍煮即可。

吃了快快长

鳗鱼肉质细嫩, 含有丰富的优质**蛋白质、DHA、铁、锌、硒**等营养素, 每周给宝宝安排 1 次鳗鱼, 有利于让宝宝获得丰富的 DHA, 促进大脑发育。

容易过敏的宝宝应慎食鳗鱼, 如果是首次食用, 妈妈应该少量添加, 并密切观察宝宝的反应, 如有不适, 应忌食。正在感冒期间的宝宝也不要吃鳗鱼。

蔬菜水果沙拉

准备时间: 10分钟; 烹饪时间: 5分钟; 难易指数: ★

营养食材

香蕉 1/2 根

梨 1/4 个

橙子 1/2 个

卷心菜叶 2 片

开胃做法

①香蕉去皮、切片; 梨洗净, 去皮、去核, 切薄片; 橙子洗净, 去皮、去子, 切小丁。

②卷心菜叶洗净, 放入沸水中焯2分钟。

③将所有水果铺在卷心菜叶上即可。

吃了快快长

香蕉富含**钾**、**镁**等, 橙子富含**钾**、**维生素C**、**β-胡萝卜素**等。蔬菜水果沙拉中丰富的膳食纤维和多种维生素, 有利于保持宝宝的肠道通畅。

很多宝宝不爱吃蔬菜和水果, 让家长头疼不已, 从辅食期建立起良好的饮食习惯, 均衡摄入多种食物, 是宝宝不挑食、不偏食的关键。

153

妈妈学会营养搭配，并能够
举一反三，就可以给宝宝准备
花样多且营养均衡的辅食。

每周可以给宝宝安排1~2次不
同的馄饨，营养又美味，制作
过程也不复杂，内馅可以变化
多样。

鸡肉虾仁馄饨

准备时间: 30分钟; 烹饪时间: 20分钟; 难易指数: ★★★

营养食材

馄饨皮 10 张

鸡肉 25 克

虾仁 5~6 个

鸡蛋 1 个

虾皮适量

香油适量

植物油适量

开胃做法

①鸡肉洗净, 与虾仁共同剁碎, 加入香油, 拌成馅; 鸡蛋取蛋黄打散, 入油锅摊成饼, 盛出晾凉切丝, 备用。

②馄饨皮内放入馅, 包成馄饨。

③锅中加水煮沸, 下馄饨煮熟, 盛出后撒上鸡蛋丝、虾皮即可。

吃了快快长

鸡肉是良好的**蛋白质**来源, 鸡肉中**铁**的含量介于畜肉和鱼之间。虾仁属于低脂肪高蛋白质食材, 还含有丰富的**硒**等。

三鲜馄饨

准备时间: 30分钟; 烹饪时间: 20分钟; 难易指数: ★★★

营养食材

鱼肉 50 克

馄饨皮 10 张

青菜叶 2 片

鸡蛋 1 个

紫菜 10 克

香油适量

植物油适量

开胃做法

①鸡蛋取蛋黄打散, 平底锅刷一层薄油, 蛋液入油锅摊成蛋皮, 取出晾凉切丝。

②将鱼肉洗净去刺, 剁成泥; 青菜叶洗净切碎。

③将鱼泥、青菜碎混合, 加入香油做馅, 包入馄饨皮中。

④锅内加水, 煮沸后放入馄饨煮熟, 放入蛋皮丝、紫菜略煮即可。

吃了快快长

鱼肉含有丰富的**DHA**, 是宝宝大脑和视网膜的重要构成成分, 再加入富含**碘**的紫菜, 营养更加丰富。

宝宝的消化系统还未发育成熟，还无法适应大量膳食纤维。制作黑米馒头时，加入少量黑米面即可，太多不容易发酵，等宝宝1岁以后，可以调整黑米面的量。

这个阶段的宝宝可以吃点带有玉米面的发糕，但不建议给宝宝吃纯玉米面的窝窝头，以免影响消化吸收。

黑米馒头

准备时间: 50分钟; 烹饪时间: 20分钟; 难易指数: ★★

营养食材

面粉 200 克

黑米面 50 克

酵母 3 克

开胃做法

①面粉和黑米面混合, 酵母放入 100 毫升左右水中, 待完全溶解后, 倒入黑米面粉中, 和成面团。

②待面团发酵后, 制成馒头状, 入蒸锅蒸熟即可。

吃了快快长

偶尔给宝宝吃些黑米等粗粮, 能够达到摄入**膳食纤维**的目的, 预防便秘。发酵的馒头更容易消化吸收, 发酵过程中还会产生一定量的 **B 族维生素**。

玉米面发糕

准备时间: 40分钟; 烹饪时间: 20分钟; 难易指数: ★★

营养食材

面粉 200 克

玉米面 50 克

酵母 3 克

开胃做法

①面粉、玉米面、酵母混合均匀, 加 100 毫升左右水揉成面团。

②面团放入蛋糕模具中, 放温暖处饧发 40 分钟左右。

③将发好的面团入蒸锅, 开大火, 蒸 20 分钟, 立即取出, 取下模具, 切成厚片即可。

吃了快快长

玉米面富含**膳食纤维**, 有助于增强宝宝的肠蠕动, 预防宝宝便秘。玉米面可作为粗粮, 适量给宝宝添加, 也可以和细粮搭配食用。

在咀嚼能力发展的阶段，要给宝宝多尝试各种质地的食材组合，但食物的性状要适合宝宝。

给宝宝吃的香菇，可以直接买新鲜的。香菇肉末拌饭可以同时再搭配点黄瓜、胡萝卜等。

番茄蛋黄拌饭

准备时间: 10分钟; 烹饪时间: 20分钟; 难易指数: ★★

营养食材

软米饭半碗

小番茄1个

黑木耳3朵

熟鸡蛋黄1个

胡萝卜20克

植物油适量

开胃做法

①熟鸡蛋黄碾碎; 黑木耳泡发, 切丁; 胡萝卜、小番茄洗净切碎丁。

②油锅烧热, 将黑木耳丁、胡萝卜丁和小番茄丁翻炒片刻, 加适量水煮开。

③倒入软米饭及鸡蛋黄碎, 搅拌均匀即可。

吃了快快长

番茄蛋黄拌饭食材丰富, 包括了谷类、蛋类、植物油、蔬菜和菌菇类, 符合宝宝的胃口, 而且营养均衡。

香菇肉末拌饭

准备时间: 10分钟; 烹饪时间: 20分钟; 难易指数: ★★

营养食材

软米饭半碗

香菇3朵

豆腐30克

猪瘦肉20克

植物油适量

开胃做法

①香菇、豆腐、猪瘦肉分别洗净切丁。

②油锅烧热, 放入香菇丁豆腐丁猪瘦肉丁, 小火翻炒3分钟, 加水煮熟。

③倒入软米饭, 搅拌均匀, 煮沸即可。

吃了快快长

香菇肉末拌饭注重荤素搭配, 将谷类、肉类、豆类、菌菇类搭配在一起, 营养丰富。香菇味道比较鲜, 有利于调动宝宝食欲。豆腐含有优质**蛋白质**、**钙**等。

青菜冬瓜汤

准备时间: 10分钟; 烹饪时间: 15分钟; 难易指数: ★★

营养食材

青菜叶 5 片

冬瓜 50 克

香油少许

开胃做法

①青菜洗净, 切碎; 冬瓜去皮洗净, 切成薄片。

②将适量水放入锅中, 放入冬瓜片, 煮沸后加入青菜碎, 转小火炖煮 5 分钟左右, 滴几滴香油即可。

吃了快快长

青菜含有丰富的**钾、钙、维生素C、膳食纤维**等, 做成青菜汤或青菜冬瓜汤, 盛夏给宝宝食用, 可补充流汗所失的水分。

汤里营养非常有限, 喝汤主要是补充水分。更重要的是让宝宝多吃汤里的蔬菜。

南瓜牛肉汤

准备时间: 5分钟; 烹饪时间: 1小时; 难易指数: ★★

营养食材

南瓜 50 克

牛肉 50 克

植物油适量

开胃做法

①南瓜去皮、去子, 洗净, 切成小丁; 牛肉洗净, 切成小丁。

②锅内放入适量水, 放入牛肉丁, 大火煮开, 牛肉煮熟后放入南瓜丁煮熟, 滴几滴植物油即可。

吃了快快长

南瓜含有一定的**碳水化合物**和丰富的 **β-胡萝卜素**。牛肉富含**蛋白质、铁、锌**等, 是补铁、补锌的好食材, 宝宝食用, 一定要煮软。

牛肉最好切碎一点, 煮得够烂, 以便于宝宝吞咽和消化吸收。

鳗鱼白菜粥

准备时间: 30分钟; 烹饪时间: 30分钟; 难易指数: ★★

营养食材

熟鳗鱼肉 30 克

大米 50 克

白菜叶 2 片

开胃做法

①大米洗净, 浸泡 30 分钟。

②熟鳗鱼肉去刺切片; 白菜叶洗净, 切碎。

③大米入锅, 加适量水煮成粥, 再加入白菜碎、熟鳗鱼片略煮即可。

吃了快快长

鳗鱼肉质细嫩, 含有丰富的**优质蛋白质**、**DHA**、**铁**、**锌**、**硒**等营养素, 有利于宝宝大脑发育。鳗鱼还富含**维生素A**和**维生素E**, 有利于增强宝宝抵抗力并维持正常的机体功能。

鳗鱼皮腥味比较重, 而且脂肪含量较高, 妈妈在用鳗鱼制作辅食时, 最好将皮去除。

蛋黄香菇粥

准备时间: 30 分钟; 烹饪时间: 40 分钟; 难易指数: ★★

营养食材

鸡蛋 1 个

香菇 2 朵

大米 30 克

香油少许

开胃做法

①大米淘洗干净, 浸泡 30 分钟。

②香菇洗净, 去蒂, 切成丝; 鸡蛋取蛋黄打散。

③将大米和香菇丝放入锅中, 加水煮沸, 再下蛋黄液, 搅拌均匀, 煮至粥熟加几滴香油即可。

吃了快快长

香菇营养丰富, 味道鲜美, **蛋白质**含量高, 还含有**香菇多糖**和多种**维生素**等。蛋黄香菇粥味道鲜美, 能提高身体抵抗力。

也可以把蛋黄换成猪肉、牛肉、鸡肉等, 营养同样丰富。

海带中的营养物质，如水溶性维生素、无机盐等会溶解于水。所以，长时间浸泡会导致海带营养价值降低。如果海带稍浸泡就没了韧性，说明己经变质了，不能给宝宝食用。

鼓励宝宝尝试不同方式烹制的辅食，如蒸、煮、炖、炒，可以增进宝宝对食物的喜爱，但炒饭或炒面时，最好不加盐，油也不要太多，玉米粒最好弄碎给宝宝吃。

什锦面

准备时间: 10分钟; 烹饪时间: 20分钟; 难易指数: ★★

营养食材

宝宝面条 50 克

香菇 3 朵

胡萝卜 10 克

豆腐 30 克

海带 10 克

香油少许

开胃做法

①香菇、胡萝卜洗净切丝; 豆腐洗净切条; 海带洗净切丝。

②面条放入水中煮熟, 放入香菇丝、胡萝卜丝、豆腐条和海带丝稍煮。

③出锅前淋香油调味即可。

吃了快快长

什锦面搭配了多种食材, 包括谷类、豆类、蔬菜、菌菇类等。海带含有丰富的**碘**, 豆腐含有丰富的**钙**, 香菇含有多种**氨基酸**。

肉末炒面

准备时间: 5分钟; 烹饪时间: 15分钟; 难易指数: ★★

营养食材

宝宝面条 40 克

猪肉末 30 克

玉米粒 20 克

植物油适量

开胃做法

①玉米粒与宝宝面条一起放到沸水里煮熟后, 捞起晾凉。

②油锅烧热, 放入猪肉末, 翻炒片刻, 盛出。

③锅内的余油继续烧热, 放入面条炒匀, 加入玉米粒、猪肉末, 翻炒均匀即可。

吃了快快长

肉末炒面含有丰富的**蛋白质、碳水化合物**。玉米中含有**膳食纤维**, 能刺激胃肠蠕动, 有利于预防宝宝便秘等。

豌豆、玉米粒等注意切碎捣烂，有利于宝宝消化吸收。豌豆煮熟压扁可以作为宝宝的"手指食物"，让宝宝抓着吃。

给宝宝吃丸子时，不要将一整个丸子喂给宝宝，以免发生危险。最安全的方式是用勺子将丸子分成若干小块，慢慢喂食。

什锦烩饭

准备时间: 10分钟; 烹饪时间: 20分钟; 难易指数: ★★★

营养食材

米饭半碗

香菇2朵

虾仁30克

玉米粒20克

胡萝卜20克

豌豆20克

植物油适量

开胃做法

①胡萝卜、香菇洗净, 切成丁; 虾仁、玉米粒、豌豆洗净, 剁碎。

②锅中倒入一些油, 将虾仁、玉米粒、豌豆、胡萝卜丁、香菇丁下锅, 炒熟。

③锅中加少量水, 倒入米饭, 翻炒片刻即可。

吃了快快长

什锦烩饭颜色丰富、营养均衡, 富含**碳水化合物**、**蛋白质**、**矿物质**以及**维生素**, 为宝宝健康成长助力。

蒸鱼丸

准备时间: 15分钟; 烹饪时间: 20分钟; 难易指数: ★★

营养食材

鱼肉泥50克

胡萝卜20克

无盐高汤适量

干淀粉适量

水淀粉适量

开胃做法

①鱼肉泥中加入干淀粉, 搅拌均匀, 做成丸子, 放在容器中蒸熟。

②将胡萝卜洗净切碎, 放入水中煮熟, 加入高汤, 用水淀粉勾芡。

③将胡萝卜芡汁浇在蒸熟的鱼丸上即可。

吃了快快长

鱼丸中含有丰富的优质**蛋白质**、**铁**等, 搭配胡萝卜, 增加了**钾**、β-**胡萝卜素**等的摄入。清鲜的滋味能让宝宝有个好胃口。

12 月龄
（1 周岁）
辅食快成主食啦

宝宝一天膳食餐次安排

早上 7 点　　母乳 / 配方奶，加水果或其他辅食

早上 10 点　　母乳 / 配方奶

中午 12 点　　各类小块状辅食，而且可以尝试全蛋

下午 3 点　　母乳 / 配方奶，加水果或其他辅食

下午 6 点　　各类小块状辅食，而且可以尝试全蛋

晚上 9 点　　母乳 / 配方奶

宝宝一天膳食总量安排

母乳 / 配方奶　600 毫升　　　　　蔬菜　50~100 克

谷类　50~75 克　　　　　　　　水果　50~100 克

禽畜肉、鱼虾、蛋类　75~100 克　　水　少量

油　5~10 克　　　　　　　　　　（注：不加调味品）

为什么这么喂？

满 12 个月的宝宝，严格意义上来说，就是 1 岁的幼儿了，有的已经学会走路了，有的正在扶着物体学走路，体力大量消耗，这一阶段喂养的原则是营养全面，以保证身体生长需要。

开动啦！

这个时候的宝宝，乳牙已经萌出，可以逐渐添加小块状的固体食物，不过由于宝宝的咀嚼能力有限，应尽量多选择容易做软烂的食材。

鸡肉蛋卷

准备时间: 20分钟; 烹饪时间: 20分钟; 难易指数: ★★

营养食材

鸡蛋1个

鸡肉100克

面粉适量

植物油适量

开胃做法

①鸡肉洗净,蒸熟,剁成泥。

②将鸡蛋打到碗里,加适量面粉、水搅成面糊。

③平底锅加植物油烧热,然后倒入面糊,用小火摊成薄饼。

④将薄饼放在盘子里,加入鸡肉泥,卷成长条,上锅蒸熟即可。

吃了快快长

鸡肉蛋卷含有丰富的**蛋白质**、**铁**、**锌**、**硒**、**维生素A**、**烟酸**等,有利于增强宝宝体质,可以作为宝宝日常食材,搭配其他蔬菜食用。

1岁的宝宝通常已经适应吃全蛋了,但是3岁之前宝宝肠胃消化功能尚未成熟,过多摄入鸡蛋会增加肠胃的负担。因此,此时的宝宝以每天或隔天吃1个全蛋为宜。

西葫芦蛋卷

准备时间: 20分钟; 烹饪时间: 15分钟; 难易指数: ★★

营养食材

西葫芦 1 个

面粉 200 克

鸡蛋 1 个

植物油适量

开胃做法

①鸡蛋打散; 西葫芦洗净, 切丝。

②将西葫芦丝放进蛋液里, 加面粉搅拌均匀。

③油锅烧热, 将面糊倒进去, 煎至两面金黄, 盛盘后卷起即可。

吃了快快长

西葫芦蛋卷将谷类、蛋类和蔬菜相结合, 营养较为均衡。西葫芦含有一定的**钾、钙、膳食纤维**, 可以用来搭配很多花样辅食。

这个时候的宝宝应多尝试自己进食, 可以把西葫芦饼切成细条让宝宝用手抓着吃, 训练宝宝自己动手吃辅食的能力。

番茄厚蛋烧

准备时间: 20分钟; 烹饪时间: 15分钟; 难易指数: ★★★

营养食材

鸡蛋 1 个

番茄 1 个

扁豆 25 克

植物油适量

开胃做法

①番茄洗净, 去皮, 切碎; 扁豆择洗干净, 入沸水焯熟, 沥干剁碎; 鸡蛋打散成鸡蛋液, 加入番茄碎、扁豆碎。

②油锅烧热, 均匀地铺一层蛋液在锅底, 凝固后卷起盛出, 重复上述工作至蛋液用完。

③将煎好的蛋饼切段, 装盘即可。

吃了快快长

番茄含有丰富的 β-**胡萝卜素**等; 鸡蛋富含**蛋白质、锌**等营养成分, 被称作 "黄金食品"。两者搭配做厚蛋烧, 营养丰富, 制作简便, 适合宝宝的胃口和营养需求。

番茄和鸡蛋的搭配, 除了番茄炒蛋、番茄鸡蛋汤, 番茄厚蛋烧的形式也会让宝宝耳目一新, 加入不同的蔬菜营养更加丰富。

杂粮水果饭团

准备时间: 10小时; 烹饪时间: 40分钟; 难易指数: ★★

营养食材

香蕉 1/2 根

火龙果 1/4 个

紫米 20 克

红豆 10 克

糙米 20 克

开胃做法

①紫米、红豆、糙米分别洗净,提前泡 10 小时,放入锅中煮熟成杂粮饭。

②香蕉、火龙果分别剥皮,切成小块备用。

③将煮好的杂粮饭平铺在手心,放入香蕉块、火龙果块,捏成可爱的饭团即可。

吃了快快长

杂粮水果饭团让宝宝均衡摄入五谷杂粮和水果,补充**膳食纤维**和**维生素**的同时,也促进了胃肠蠕动,使排便通畅。

宝宝的口味会突然变化,对于原先一直喜欢吃的食物可能突然会不喜欢了,妈妈要多给他尝试不同的食物,同一种食物要尝试多种制作方法。杂粮饭也可以用高压锅煮。

蛤蜊蒸蛋

准备时间: 2小时; 烹饪时间: 20分钟; 难易指数: ★★

营养食材

蛤蜊 5 个

虾仁 2 个

鸡蛋 1 个

香菇 3 朵

开胃做法

①蛤蜊用盐水浸泡, 待其吐净泥沙, 放入沸水中烫至蛤蜊张开, 取肉切碎待用; 虾仁、香菇洗净切丁。

②鸡蛋打散, 将蛤蜊、虾仁、香菇丁放入鸡蛋中拌匀, 一起隔水蒸 15 分钟即可。

吃了快快长

蛤蜊含有**蛋白质、钙、钾、镁、铁、硒、锌**等多种营养素, 其中铁、硒含量非常丰富, 硒具有抗氧化、增加免疫功能、促进生长等作用。

蛤蜊一定要买鲜活的, 将蛤蜊放入调好的淡盐水中泡2小时以上, 基本上能吐尽泥沙。

蛋包饭

准备时间: 10分钟; 烹饪时间: 30分钟; 难易指数: ★★

营养食材

米饭半碗

鸡蛋1个

菜花50克

玉米粒适量

豌豆适量

植物油适量

开胃做法

①豌豆、玉米粒洗净, 放入开水中煮熟; 菜花洗净、切碎; 鸡蛋打散成蛋液。

②油锅烧热, 下玉米粒、菜花碎、豌豆煸炒, 然后放入米饭炒匀, 盛出。

③另起油锅烧热, 将蛋液摊成蛋皮, 盛出装盘, 放上一层炒好的米饭, 两边叠起即可。

吃了快快长

蛋包饭颜色丰富, 会是宝宝喜爱的主食, 全谷类、蛋类、蔬菜中含有人体必需的**蛋白质**、**脂肪**、**维生素**及**钙**等营养成分, 可以提供宝宝所需的营养及热量。

宝宝表示不愿意吃某种辅食的时候, 不妨变变花样, 把食物的颜色搭配得丰富一些, 不要强迫宝宝进食, 也不要追着宝宝喂饭, 否则容易养成不良的进餐习惯。

175

五色蔬菜汤

准备时间: 10分钟; 烹饪时间: 15分钟; 难易指数: ★★

营养食材

竹笋 10 克

嫩豆腐 50 克

菠菜 1 棵

紫菜适量

香菇 3 朵

香油少许

开胃做法

①将紫菜撕碎; 嫩豆腐切小块; 竹笋、香菇洗净, 切丝, 焯水; 菠菜洗净, 切小段, 焯水。

②另取一锅, 加水煮沸, 下所有蔬菜, 煮熟后淋香油即可。

吃了快快长

宝宝除了吃点"干货"辅食, 还可以少量喝汤。五色蔬菜汤包含了多种食材, 其中豆腐含有丰富的**蛋白质**、**钙**等, 紫菜含有丰富的**碘**、**铁**等微量元素, 给宝宝补充水分的同时还能摄入一定量的营养。

每周可以给宝宝进食1~2次海产品。对于继续母乳喂养的宝宝, 妈妈也要注意摄入含碘丰富的食物。对于配方奶喂养的宝宝, 应注意选择含碘的配方奶。

虾丸韭菜汤

准备时间: 15分钟; 烹饪时间: 15分钟; 难易指数: ★★★

营养食材

鲜虾 200 克

鸡蛋 1 个

韭菜 20 克

干淀粉适量

植物油适量

开胃做法

①鲜虾去头和壳, 去虾线, 洗净, 剁成虾泥; 韭菜洗净, 切末; 鸡蛋将蛋黄和蛋清分开, 打散蛋黄。

②虾泥中放蛋清、干淀粉, 搅成糊状。

③油锅烧热, 将蛋黄液倒入锅中, 摊成蛋饼, 切丝。

④另起一锅, 放适量水, 煮开后用小勺舀虾糊汆成虾丸, 放蛋皮丝, 再沸后, 放韭菜末, 略煮即可。

吃了快快长

虾是**蛋白质**含量很高的食品之一, 还含有丰富的**硒、钙、钾**等。韭菜含有丰富的**膳食纤维**, 可促进胃肠蠕动, 保持大便通畅, 防止宝宝便秘。

虾丸韭菜汤黄绿点缀的视觉观感, 会激发宝宝的食欲。也可以将韭菜换成芹菜或其他蔬菜, 拌入虾丸中, 营养和口感都有较大提升。

猪肝茼蒿汤

准备时间: 30分钟; 烹饪时间: 15分钟; 难易指数: ★★

营养食材

茼蒿嫩叶 1 小把

鸡蛋 1 个

猪肝 20 克

香油少许

开胃做法

①茼蒿嫩叶洗净, 切段; 鸡蛋打散, 搅拌均匀。

②猪肝提前浸泡, 洗净, 切成小薄片, 入沸水中煮透。

③锅里倒入茼蒿嫩叶和蛋液稍煮, 出锅前淋香油即可。

吃了快快长

茼蒿清爽可口、营养丰富, 茼蒿叶富含 β –**胡萝卜素**、**钙**、**钾**等营养素, 肝类富含**铁**、**锌**、**维生素A**等, 让宝宝摄入充足的维生素A有利于维持视力发育。每周可以给宝宝安排1~2次肝类, 可将猪肝打成泥或糊。

当宝宝能吃全蛋时, 鸡蛋就是家中的常见食物, 做汤就是很好的选择。

莴笋炒山药

准备时间: 10分钟; 烹饪时间: 15分钟; 难易指数: ★★

营养食材

莴笋 40 克

山药 40 克

胡萝卜 1/4 根

植物油适量

开胃做法

①莴笋、山药、胡萝卜分别洗净, 去皮, 切长条, 焯水, 沥干。

②油锅烧热, 放入处理好的食材翻炒熟即可。

吃了快快长

山药属于薯类, 含有丰富的 **B族维生素**、**碳水化合物**、**钾**等营养成分。莴笋炒山药同时用胡萝卜搭配, 营养与美味兼得。

莴笋清新爽口, 色彩鲜艳, 可增加辅食的"颜值", 也可以把这道辅食给宝宝作"手指食物"。

家常鸡蛋饼

准备时间: 5分钟; 烹饪时间: 15分钟; 难易指数: ★★

营养食材

鸡蛋 1 个

面粉 50 克

植物油适量

开胃做法

①鸡蛋打散, 倒入面粉, 加适量水调匀。

②平底锅中倒油烧热, 慢慢倒入面糊, 摊成饼, 小火慢煎。

③待一面煎熟, 翻过来再煎另一面至熟即可。

吃了快快长

家常鸡蛋饼含丰富的**碳水化合物、蛋白质、多不饱和脂肪酸**, 以及多种**维生素**和**矿物质**, 能为宝宝提供热量, 增强体力。

除了使用普通面粉, 妈妈还可以在面粉中加入豆面, 增加 B 族维生素、铁、硒、锌等的含量, 营养更加丰富。

芋头南瓜煲

准备时间: 5分钟; 烹饪时间: 25分钟; 难易指数: ★★

营养食材

芋头 50 克

南瓜 50 克

植物油适量

开胃做法

①芋头、南瓜削皮后,切大小适中的菱形块。

②油锅烧热,倒入芋头和南瓜,小火翻炒 1 分钟左右。

③锅中倒入半碗清水,水滚后转小火继续煮 20 分钟,至芋头和南瓜软烂即可。

吃了快快长

芋头南瓜煲含有丰富的**淀粉、钾、β-胡萝卜素**等营养素,可以作为宝宝的辅食少量尝试。芋头中的**硒**含量较高,有利于增强宝宝免疫力。

芋头、南瓜也可以直接蒸着给宝宝吃,少量尝试即可,并注意摄入富含优质蛋白类食物。

用同样的方法，还可以给宝宝做彩色面条。彩色糖果饺可以顺利让宝宝接受平日不爱吃的食材，还可以增加面食的营养。

虽然说隔夜饭做出来的炒饭粒粒分明，味道更好，但从营养角度来说，刚煮好的米饭更适合给宝宝吃。

彩色糖果饺

准备时间: 40分钟; 烹饪时间: 15分钟; 难易指数: ★★

营养食材

菠菜 300 克

面粉 300 克

胡萝卜 2 根

鸡肉香菇馅 200 克

开胃做法

①把蔬菜洗净, 切小块, 分别用榨汁机榨成汁。

②蔬菜汁分别倒入面粉中和面, 和好后分割成小剂子, 擀成皮, 皮上放鸡肉香菇馅, 捏成小饺子。

③锅内水烧开, 将包好的饺子下入, 煮开后加冷水, 反复3次, 即可捞出。

吃了快快长

彩色糖果饺色彩鲜明, 是受宝宝喜爱的辅食, 在面粉中加蔬菜汁, 改变面皮颜色的同时增加了营养。蔬菜中的**维生素**和鸡肉中的**蛋白质**搭配, 营养更均衡。

胡萝卜虾仁炒饭

准备时间: 10分钟; 烹饪时间: 15分钟; 难易指数: ★★

营养食材

胡萝卜 1/4 根

米饭 1 碗

黄瓜 1/4 根

虾仁 40 克

豌豆 20 克

植物油适量

开胃做法

①胡萝卜、黄瓜分别洗净切成丁; 豌豆洗净, 煮熟透备用。

②油锅烧热, 放入虾仁滑炒, 炒熟后盛出备用。

③另起油锅烧热, 加入黄瓜丁、胡萝卜丁、豌豆翻炒片刻, 放入米饭翻炒, 倒入炒好的虾仁, 翻炒均匀即可。

吃了快快长

胡萝卜虾仁炒饭搭配了多种食材, 富含**优质蛋白、多不饱和脂肪酸、硒、锌、β-胡萝卜素**等。可以提供宝宝所需的营养及热量, 而且颜色丰富, 能引起宝宝的食欲。

香菇虾仁蝴蝶面

准备时间: 10分钟; 烹饪时间: 15分钟; 难易指数: ★★

营养食材

蝴蝶面 50 克

土豆 1/4 个

胡萝卜 1/2 根

香菇 2 朵

鲜虾 2~4 只

植物油适量

开胃做法

①将土豆去皮洗净, 切丁; 胡萝卜洗净, 切丁; 香菇洗净, 切成片; 鲜虾洗净, 去头、去壳、去虾线, 取虾仁。

②将土豆丁、胡萝卜丁、香菇片和虾仁放入油锅炒熟。

③锅中加水烧开, 放入蝴蝶面, 煮熟放入大盘中, 放土豆丁、胡萝卜丁、香菇片和虾仁即可。

吃了快快长

香菇虾仁蝴蝶面富含**碳水化合物、膳食纤维、蛋白质和钙、镁、铁、钾、磷**等矿物质, 食材丰富, 营养均衡。

给宝宝准备的辅食不光要注意营养搭配, 还要注意美观, 色彩好看的辅食有利于吸引宝宝的注意力。

排骨汤面

准备时间：10分钟；烹饪时间：2小时；难易指数：★★

营养食材

宝宝面条50克

排骨30克

香油少许

开胃做法

①排骨洗净，入沸水锅中焯一下。

②将排骨放入锅内，加适量水，大火煮开后，转小火炖2小时。

③盛出排骨汤放入另一个锅中，去除表层过多的油，加入面条煮熟，滴几滴香油即可。

吃了快快长

排骨汤面中含有**碳水化合物、钾、磷、蛋白质**等营养素，还可以加入蔬菜，如青菜、香菇、胡萝卜等，让营养更丰富。

通常认为排骨汤等很有营养，其实汤里的营养非常有限，不能指望喝汤补充营养，还是要将排骨上的肉弄成小块给宝宝食用。

吃水饺时，注意不要将整个水饺喂给宝宝，以免噎食。

很多妈妈认为米饭才有营养，面食没什么营养。其实面食的营养价值比米饭高。宝宝不愿意吃米饭，愿意吃面食也是可以的，但要注意营养均衡搭配。

白菜猪肉饺

准备时间: 30分钟; 烹饪时间: 10分钟; 难易指数: ★★★★

营养食材	开胃做法
饺子皮 10 张	①白菜择洗干净, 剁成末。
白菜 30 克	②将白菜末与猪肉末混合, 加点植物油 (如亚麻子油或香油) 拌匀, 用饺子皮包成小饺子。
猪肉末 50 克	
植物油适量	③锅内加水煮沸, 下饺子煮开后加少量冷水, 反复3次, 煮熟后盛入盘中即可。

吃了快快长

白菜含**膳食纤维**, 可以促进肠蠕动, 帮助消化。猪肉为宝宝提供优质的**蛋白质**和**铁**、**锌**等营养素。水饺的烹调方法也很健康, 适合宝宝食用。

丸子菠菜面

准备时间: 30分钟; 烹饪时间: 20分钟; 难易指数: ★★

营养食材	开胃做法
宝宝面条 50 克	①将菠菜洗净, 焯熟, 切碎; 黑木耳泡发, 洗净, 焯熟切末; 鸡蛋取蛋清。
猪肉末 50 克	
菠菜 20 克	②猪肉末中加干淀粉、蛋清和少量水, 顺时针方向搅拌成泥状, 挤成肉丸。
黑木耳适量	
干淀粉适量	③面条煮熟后捞出放入碗中备用。
鸡蛋 1 个	④将肉丸放入水中煮熟, 捞出, 和黑木耳、菠菜一起放入面碗中拌匀即可。

吃了快快长

丸子菠菜面荤素搭配, 营养全面, 配上香嫩的猪肉和黑木耳, 增加了辅食中**铁**的含量, 能预防宝宝缺铁性贫血。

白菜海带鱼丸汤

准备时间: 40分钟; 烹饪时间: 15分钟; 难易指数: ★★★

营养食材

鸡蛋 1 个

白菜叶 2 片

鱼肉 50 克

海带 20 克

胡萝卜 1/2 根

土豆 1/2 个

干淀粉适量

香油少许

开胃做法

①鸡蛋取蛋清; 将鱼肉剔除鱼刺, 剁成泥, 加入干淀粉、蛋清制成鱼丸; 白菜叶洗干净, 剁碎; 胡萝卜洗净, 切成丁; 海带洗净, 切成丝; 土豆洗净, 去皮, 切丁。

②锅内加入适量水, 放入海带丝、胡萝卜丁、土豆丁煮软, 再放入白菜碎、鱼丸煮熟, 滴几滴香油即可。

吃了快快长

白菜是蔬菜中含**矿物质**和**维生素**较丰富的菜, 鱼丸含有丰富的**DHA**, 海带能够补充**碘**, 这道辅食有利于促进宝宝的身体发育和智力发育。

这个时候肉类、鱼虾、蛋类每天75~100克即可, 如果宝宝喝奶较少, 就要注意增加这类食材的摄入。

番茄牛肉羹

准备时间: 10分钟; 烹饪时间: 30分钟; 难易指数: ★★

营养食材

牛肉 50 克

番茄 2 个

胡萝卜 1/2 根

洋葱 20 克

水淀粉适量

植物油适量

香油少许

开胃做法

①牛肉洗净, 切小块; 番茄、胡萝卜、洋葱洗净, 切成丁。

②锅中放油, 下牛肉块炒一下, 再加入番茄丁、胡萝卜丁和洋葱丁炒 1～2 分钟, 加适量水, 大火煮开后改小火炖, 至牛肉软烂, 倒入水淀粉, 煮开后滴几滴香油即可。

吃了快快长

番茄牛肉羹中含有丰富的**蛋白质、番茄红素、铁、锌**, 营养均衡, 有利于提高宝宝抵抗力。

牛肉的纤维较粗糙, 不易消化, 可以用淀粉和蛋清将牛肉腌一下, 做成的辅食口感更嫩一些。

三丁豆腐羹里的食材都是大颗粒状，妈妈在喂食时要有耐心，不要一次给宝宝喂太多。

切好的丝瓜容易变黑，所以丝瓜切好后，要立刻做菜，以免营养损失。

三丁豆腐羹

准备时间: 10分钟; 烹饪时间: 30分钟; 难易指数: ★★

营养食材

豆腐 30 克

鸡肉 20 克

番茄 1/2 个

豌豆适量

水淀粉适量

植物油适量

香油少许

开胃做法

①豆腐切块; 鸡肉洗净, 切丁; 番茄洗净去皮, 切丁; 豌豆洗净。

②锅中放油, 将鸡肉丁、番茄丁、豌豆炒一下, 加适量水, 大火煮沸后, 加入豆腐, 转小火煮 20 分钟, 加水淀粉勾芡, 搅拌均匀。

③出锅时, 滴几滴香油即可。

吃了快快长

三丁豆腐羹食材丰富, 口味鲜美, 营养均衡。鸡肉和豆腐都含有丰富的**蛋白质、维生素、钙**等营养成分, 其中的钙质有利于宝宝吸收和利用。这道辅食中的食材都是丁状的, 可以锻炼宝宝的咀嚼能力。

丝瓜里脊肉盖浇饭

准备时间: 20分钟; 烹饪时间: 35分钟; 难易指数: ★★

营养食材

丝瓜 30 克

牛里脊肉 30 克

洋葱 20 克

胡萝卜 20 克

大米 20 克

小米 25 克

植物油适量

开胃做法

①大米和小米煮成二米饭, 取适量。

②丝瓜、胡萝卜洗净去皮, 切丁; 牛里脊肉、洋葱洗净切丝。

③油锅烧热, 放入洋葱炒香, 再加胡萝卜丁、丝瓜丁、牛肉丝, 再拌入二米饭, 加水焖煮至收汁即可。

吃了快快长

牛肉中含有丰富的**锌**, 能增强宝宝的免疫力, 配上二米饭做盖浇饭, 营养更加丰富均衡。

海苔在加工过程中,加入了糖、盐、酱油作为调料,给宝宝食用一定要适量。

芝麻酱作为一种调味品,有的妈妈会疑惑能否给宝宝添加。芝麻酱一般不含盐,而且含钙量高,在辅食添加之初就可以给宝宝少量尝试。

海苔小饭团

准备时间: 30分钟; 烹饪时间: 5分钟; 难易指数: ★

营养食材	开胃做法
米饭1碗	①将米饭揉搓成圆饭团。
海苔适量	②将海苔搓碎, 撒在饭团上即可。

吃了快快长

海苔富含**碘**、**硒**、**铁**等营养素, 脂肪含量低, 和米饭同食, 营养更加全面。海苔小饭团里也可以加点肉末、土豆丁、胡萝卜丁等。

芝麻酱花卷

准备时间: 2小时; 烹饪时间: 30分钟; 难易指数: ★★

营养食材	开胃做法
全麦面粉500克	①全麦面粉中加入酵母, 用水和好, 放于温暖处发酵。
芝麻酱20克	②发好的面团擀成长方片, 抹上芝麻酱, 卷成卷, 用刀切成等长
酵母4克	的段, 再将每段叠起拧成花卷, 用蒸锅蒸20分钟左右即可。

吃了快快长

不论是作为正餐还是点心, 芝麻酱花卷都是合适之选。全麦面粉含有丰富的**膳食纤维和B族维生素**, 芝麻酱不仅富含**钙**, 还含有丰富的**铁**(每10克芝麻酱就含117毫克的钙和5毫克的铁)。

1岁以后

向成人饮食模式过渡

宝宝一天膳食餐次安排

早上 7 点　　各类大块状辅食，如粥、面条、馄饨等

早上 10 点　　母乳 / 配方奶，加水果或其他辅食

中午 12 点　　各类大块状辅食，如米饭、菜、汤等

下午 3 点　　母乳 / 配方奶，加水果或其他辅食

下午 6 点　　各种大块状辅食，如米饭、菜、汤等

晚上 9 点　　母乳 / 配方奶

宝宝一天膳食总量安排

母乳 / 配方奶　400~500 毫升　　　　蔬菜　50~100 克

谷类　50~100 克　　　　　　　　　水果　50~100 克

禽畜肉、鱼虾、蛋类　75~100 克　　油　10~15 克

盐　<1 克　　　　　　　　　　　　水　适量

为什么这么喂?

1 岁以后，宝宝的进食模式逐渐向大人过渡，每天至少应该进食 12 种以上的食物，包括谷物类、肉、蛋、蔬菜、水果、奶等，在保证能摄取足够营养的前提下，还应该培养宝宝良好的饮食习惯。1 岁以后的宝宝可以少量吃盐了，但还是要保持清淡饮食习惯，控制盐的量。

开动啦!

宝宝的消化系统还在完善中，饮食不能和大人完全相同，在尝试大块状食物的同时，还是要强调碎、软，而且避免煎炸、过咸、过甜以及刺激性的食物。

时蔬蛋饼

准备时间: 20分钟; 烹饪时间: 10分钟; 难易指数: ★★★

营养食材

鸡蛋 1 个

胡萝卜 25 克

扁豆 25 克

香菇 1 朵

面粉 50 克

盐 0.5 克

植物油适量

开胃做法

①扁豆择洗干净, 入沸水焯熟, 沥干剁碎; 胡萝卜洗净去皮, 剁碎; 香菇洗净, 剁碎。

②鸡蛋打入碗中, 加入面粉、胡萝卜、香菇、扁豆、盐, 混合成面糊。

③油锅烧热, 倒入面糊, 两面煎熟后卷起, 切成小段即可。

吃了快快长

时蔬蛋饼颜色鲜艳、造型可爱, 能够引起宝宝的食欲, 特别是对于不爱吃蔬菜的宝宝来说, 能让宝宝同时摄入多种食材, 营养更均衡。

现在开始, 宝宝的饭菜中可以加入微量的盐, 但要注意不能和大人的口味一样。这个时候的宝宝也会吃家庭食物, 因此, 让宝宝减少食盐, 就要从家长开始, 从家庭餐桌开始控盐。

西蓝花牛肉通心粉

准备时间: 10分钟; 烹饪时间: 20分钟; 难易指数: ★★★

营养食材

通心粉 30 克

西蓝花 30 克

牛肉 30 克

盐 0.5 克

植物油适量

香油适量

开胃做法

①西蓝花洗净，掰小朵；牛肉切碎，用盐腌制。

②油锅烧热，放入腌好的牛肉碎，翻炒至呈金黄色，备用。

③另起一锅，加水烧开，放入通心粉，快煮熟时放入西蓝花，全部煮好时捞出沥干。

④将煮熟的通心粉和西蓝花盛入盘中，撒上牛肉碎，滴几滴香油即可。

吃了快快长

牛肉含有丰富的优质**蛋白质、铁、锌**等；西蓝花中的**维生素C**能够促进人体对植物来源中的非血红素铁的吸收；通心粉富含的**碳水化合物**，可以为宝宝的成长提供能量。

香油味道香醇，还含有一定的维生素E，可以搭配亚麻子油一起食用，增加 α-亚麻酸的摄入，营养更均衡。

香菇蛋黄烩饭

准备时间：10分钟；烹饪时间：15分钟；难易指数：★★

营养食材

米饭100克

熟鸡蛋黄1个

胡萝卜20克

香菇3朵

蒜苗30克

盐0.5克

植物油适量

开胃做法

①米饭打散；熟鸡蛋黄压成泥；胡萝卜洗净，切丁；香菇洗净，切丁；蒜苗洗净，去根切丁。

②油锅烧热，放入鸡蛋黄翻炒出香味，加入胡萝卜丁、香菇丁、蒜苗翻炒均匀。

③加入米饭，炒至饭粒松散，加盐调味即可。

吃了快快长

香菇蛋黄烩饭的主要营养成分有**碳水化合物**、**蛋白质**等，蛋黄中的**铁、锌、维生素A**等，有利于维护宝宝的抵抗力。

给宝宝做烩饭，注意荤素搭配，同时注意控制油的量，不要炒得太油腻。

鲜虾乌冬面

准备时间：10分钟；烹饪时间：20分钟；难易指数：★★

营养食材

乌冬面 30 克

鲜虾 2 只

番茄 1 个

鱼丸 3 颗

盐 0.5 克

植物油适量

开胃做法

①鲜虾洗净，剪去虾须、挑去虾线；番茄洗净，去皮，切丁。

②油锅烧热，放入番茄翻炒至出汤汁，加水后放入鲜虾、鱼丸、乌冬面。

③中火炖煮 4 分钟，加盐调味即可。

吃了快快长

鲜虾肉质细嫩，味道鲜美，并含有多种人体必需的微量元素，如**铁、锌、硒**，也是**蛋白质**含量高的营养水产品，有利于宝宝生长发育。

乌冬面一般较硬，给宝宝吃一定要煮透煮软，筷子一夹即断就可以了。

手卷三明治

准备时间: 5分钟; 烹饪时间: 5分钟; 难易指数: ★★

营养食材

吐司2片

芦笋2根

鲜虾2只

沙拉酱少许

开胃做法

①吐司去边, 压平; 鲜虾剥壳, 去虾线, 取虾仁入沸水中焯熟; 芦笋洗净, 切段入沸水中焯熟。

②吐司上抹上沙拉酱, 依次放上虾仁、芦笋, 卷起即可。

吃了快快长

芦笋含有丰富的**维生素C**, 鲜虾富含**钙**, 以它们为主要食材制作的手卷三明治, 不仅有利于增强宝宝的免疫力, 还有利于促进骨骼发育。

除了锻炼宝宝的咀嚼能力, 妈妈也要多锻炼宝宝动手吃饭的能力, 为宝宝学会使用勺子和筷子打好基础。

鸡蛋紫菜饼

准备时间: 5分钟; 烹饪时间: 20分钟; 难易指数: ★★

营养食材

鸡蛋1个

紫菜8克

面粉30克

盐0.5克

植物油适量

开胃做法

①鸡蛋打入碗中, 搅匀; 紫菜洗净, 撕碎, 用水浸泡片刻。

②鸡蛋液中加入面粉、紫菜、盐, 搅匀成糊。

③油锅烧热, 用大勺将面糊倒入锅中, 小火煎成一个个圆饼。

④圆饼出锅后切块即可。

吃了快快长

紫菜与鸡蛋的搭配, 提升了饼的鲜味, 让宝宝更爱吃, 而且鸡蛋紫菜饼富含碘、钙、卵磷脂等营养物质, 有益于宝宝的身体发育。

宝宝辅食中要尽量避免高油, 所以煎饼时的用油量一定要少, 最好使用平底锅或电饼铛, 刷上一层薄油就好。电饼铛里也可以不用放油, 只需要在面糊里加点香油等即可。

牛肉蒸饺

准备时间: 30分钟; 烹饪时间: 20分钟; 难易指数: ★★

营养食材

牛肉末 150 克

饺子皮 10 张

盐 1 克

香油 5 克

开胃做法

①牛肉末中加盐、香油调味, 制成牛肉馅。

②将牛肉馅包入饺子皮, 做成饺子。

③饺子上笼蒸熟即可。

吃了快快长

牛肉蒸饺富含**碳水化合物**、**蛋白质**、**铁**等营养成分, 碳水化合物能为宝宝大脑发育提供能量。同时注意给宝宝添加点蔬菜, 比如在牛肉馅里加入荠菜、韭菜、芹菜、萝卜等。

蒸熟的饺子、馒头或饭团, 都可以让宝宝抓握着吃, 但一定要注意, 要把宝宝的双手洗干净, 以免宝宝吃进细菌。

小白菜煎饺

准备时间: 30分钟; 烹饪时间: 20分钟; 难易指数: ★★★

营养食材

小白菜 2 棵

猪肉末 100 克

饺子皮 10 张

盐 1 克

葱花适量

香油 5 克

植物油适量

开胃做法

①小白菜洗净,切碎,挤去水分;猪肉末加盐、香油搅拌成馅,再加入葱花、小白菜,制成猪肉馅。

②饺子皮放入猪肉馅,包成饺子。

③平底锅刷植物油,锅热后转小火,将饺子摆入锅中,盖锅盖,将熟时加少许凉水,再盖锅盖,煎熟即可。

吃了快快长

煎饺也是比较有特色的辅食,白菜与猪肉一起烹饪,荤素搭配,营养较丰富。

煎饺底部最是味美,但从健康角度来说,还是不要给宝宝吃太焦的食物,这道煎饺,只需煎熟就可以了。

茄汁菜花

准备时间：5分钟；烹饪时间：15分钟；难易指数：★

营养食材

菜花100克

番茄1个

盐少许

植物油适量

开胃做法

①番茄洗净，去皮，切块；菜花洗净，掰成小朵，入沸水中断生。

②油锅烧热，放入菜花、番茄，翻炒至番茄出汤，大火收汁，加盐调味即可。

吃了快快长

菜花属于十字花科蔬菜，除了含有丰富的**钾、钙**等营养素，还含有**硫氰酸盐**等一些抗氧化的植物化学物。菜花和番茄中的**维生素C**含量丰富，有利于提高宝宝的免疫力。

妈妈要善于利用天然的"调味品"，番茄除了是很好的食材，酸酸甜甜的口味还可作为日常烹调的调味品。

虾仁西蓝花

准备时间：10分钟；烹饪时间：15分钟；难易指数：★★

营养食材

西蓝花 50 克

虾仁 50 克

小番茄 3 个

鸡蛋 1 个

盐少许

植物油适量

开胃做法

①鸡蛋取蛋清；虾仁洗净，去除虾线，加入蛋清调匀；西蓝花洗净，掰成小朵，放入沸水中焯熟；小番茄洗净，切片。

②油锅烧热，倒入西蓝花、小番茄翻炒均匀，倒入裹好蛋清的虾仁炒熟，调入盐，炒均即可。

吃了快快长

虾仁富含优质**蛋白质、硒**等营养素，西蓝花含有丰富的**钙、钾、镁、维生素C、膳食纤维**和较高的 **β－胡萝卜素**等。

虾仁的吃法很多，可以把虾仁剁碎做成虾丸，还可以将虾仁包入饺子或馄饨等。

扁豆炒藕片

准备时间: 20分钟; 烹饪时间: 15分钟; 难易指数: ★★

营养食材

藕 30 克

胡萝卜 20 克

扁豆 20 克

黑木耳 2 朵

盐 0.5 克

植物油适量

开胃做法

①黑木耳泡发, 洗净; 扁豆择洗干净; 藕去皮, 洗净, 切片; 胡萝卜洗净, 去皮, 切片。

②将胡萝卜、扁豆、黑木耳、藕片分别放入沸水中断生, 捞出沥干。

③油锅烧热, 倒入断生后的食材翻炒出香, 加盐调味即可。

吃了快快长

藕富含**淀粉**、**维生素C**和一定的**膳食纤维**; 扁豆含有一定**钙**、**钾**、膳食纤维; 木耳含有丰富的**铁**等。扁豆炒藕片食材花样多, 营养更均衡。

妈妈也可以将藕做成藕圆等特色辅食, 丰富宝宝的餐桌。

胡萝卜丝炒鸡蛋

准备时间: 5分钟; 烹饪时间: 10分钟; 难易指数: ★★

营养食材

鸡蛋 2 个

胡萝卜 1/2 根

盐少许

植物油适量

开胃做法

①胡萝卜洗净, 去皮切丝; 鸡蛋打入碗中, 加入盐, 搅拌打散。

②油锅烧热, 放入胡萝卜丝, 炒至胡萝卜丝变软。

③另起油锅, 将鸡蛋液倒入锅中, 快速划散成鸡蛋块。

④将炒好的鸡蛋倒入有胡萝卜的锅中, 翻炒几下即可。

吃了快快长

胡萝卜中 β-**胡萝卜素**含量较高, β-胡萝卜素在体内可转变为**维生素A**, 维生素A在体内发挥着维护视力、促进生长发育、增强抵抗力等功能。

胡萝卜也可以与肉丝一起炒,
注意将胡萝卜炒软。也可以将
胡萝卜切成条, 煮熟后给宝宝当
"手指食物"。

猪肉焖扁豆

准备时间: 10分钟; 烹饪时间: 10分钟; 难易指数: ★★

营养食材

猪瘦肉 50 克
扁豆 100 克
胡萝卜 1/4 根
盐少许
植物油适量

开胃做法

①猪瘦肉洗净, 切薄片; 扁豆择洗干净, 切成段; 胡萝卜洗净, 去皮, 切片。

②油锅烧热, 放肉片炒散后, 将扁豆、胡萝卜放入翻炒。

③加盐、水, 转中火焖至扁豆熟透即可。

吃了快快长

猪肉含有丰富的**优质蛋白质、铁、锌、硒**, 扁豆富含**钾、膳食纤维**, 两者搭配食用, 营养均衡。

扁豆含有皂素、植物凝集素等, 未煮熟便吃, 易引起食物中毒。妈妈在做扁豆时, 一定要注意煮熟炒透, 使扁豆的颜色全部改变, 里外熟透。

秋葵拌鸡肉

准备时间: 10分钟; 烹饪时间: 5分钟; 难易指数: ★★

营养食材

秋葵 2 根

鸡胸肉 50 克

小番茄 5 个

香油 5 克

开胃做法

①洗净秋葵、鸡胸肉和小番茄。

②秋葵放入沸水中焯烫 2 分钟, 捞出后沥干水分; 鸡胸肉放入沸水中煮熟, 捞出沥干水分。

③小番茄对半切开; 秋葵去蒂, 切成 1 厘米长的小段; 鸡胸肉切成 1 厘米的方块。

④切好的秋葵、鸡胸肉和小番茄放入盘中, 淋上香油即可。

吃了快快长

鸡肉是高**蛋白质**的食物, 脂肪含量相对较低; 秋葵含有**钙**、**钾**、**膳食纤维**, 与鸡肉搭配做成秋葵拌鸡肉, 是宝宝的健康菜品。

焯烫秋葵的时间不宜过长, 否则会变黄, 影响口感和损失营养。秋葵还可以与鸡蛋搭配做成秋葵炒鸡蛋。

炒三丝

准备时间: 20分钟; 烹饪时间: 15分钟; 难易指数: ★★

营养食材

猪瘦肉 50 克

黑木耳 30 克

黄甜椒 1 个

盐 0.5 克

植物油适量

开胃做法

①黑木耳泡发好, 洗净, 切丝; 黄甜椒洗净, 切丝。

②猪瘦肉洗净, 切丝。

③油锅烧热, 放入猪肉丝翻炒, 再将黑木耳、黄甜椒放入炒熟, 加盐调味即可。

吃了快快长

甜椒中丰富的**维生素C**有利于促进人体对黑木耳中**铁**的吸收, 充足的维生素C还有利于维护宝宝的机体免疫力。

妈妈可以通过高温烹煮黑木耳或将黑木耳剁细碎的方式, 帮助宝宝消化吸收其中的营养。彩椒不要加热时间太长, 以免将维生素C破坏分解。

香菇虾仁炒春笋

准备时间: 5分钟; 烹饪时间: 15分钟; 难易指数: ★★

营养食材

春笋 100 克

香菇 2 朵

虾仁 50 克

葱花少许

盐 0.5 克

植物油适量

开胃做法

①香菇去蒂, 洗净切丁; 春笋剥壳, 削皮, 去老根, 洗净, 切片; 虾仁洗净, 去虾线。

②锅内加水煮沸, 放入虾仁煮熟, 沥水备用。

③油锅烧热, 爆香葱花, 放入春笋、香菇、虾仁翻炒, 加盐调味, 翻炒均匀即可。

吃了快快长

春笋中**膳食纤维**比较丰富, 可预防宝宝便秘; 虾仁中含有丰富的**蛋白质**和**钙**, 有利于增强宝宝体质。

春笋虽营养丰富, 但不易被消化, 建议1岁以后再给宝宝少量尝试。

奶香燕麦粥

准备时间: 5分钟; 烹饪时间: 30分钟; 难易指数: ★

营养食材

牛奶 150 毫升

燕麦片 50 克

山药 50 克

开胃做法

①山药洗净, 去皮, 切块。

②将牛奶倒入锅中, 放入山药块、燕麦片, 用小火煮, 边煮边搅拌, 煮至山药熟软。

吃了快快长

燕麦含有丰富的**淀粉**、**钙**、**钾**、**镁**、**铁**、**膳食纤维**等, 营养价值较小麦粉、大米高。丰富的膳食纤维有助于缓解宝宝便秘等。

1岁以后的宝宝可以直接喝牛奶了, 也可以用牛奶来做辅食。

奶香核桃粥

准备时间: 5分钟; 烹饪时间: 40分钟; 难易指数: ★

营养食材

大米 50 克

核桃仁 2 颗

牛奶 150 毫升

白糖少许

开胃做法

①大米淘洗干净,放入锅中,加适量水,放入核桃仁,大火烧开后转中火熬煮 30 分钟。

②倒入牛奶,煮沸后加入少许白糖即可。

吃了快快长

核桃含有丰富的**亚油酸**、α-**亚麻酸**、**钾**、**锌**、**硒**、**维生素**E 等,非常适合宝宝食用。牛奶含丰富的**蛋白质**、**钙**,奶香核桃粥能够为宝宝补钙及多种营养素。

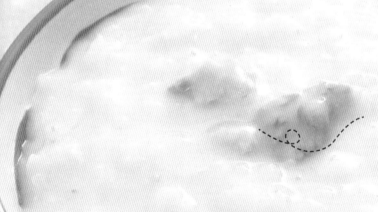

宝宝的咀嚼能力有限,妈妈最好将核桃碾碎后再给宝宝吃,以免大块的核桃被宝宝误呛入气管。更不要给4岁以内的宝宝吃整粒的坚果,尤其是带壳的开心果、花生、葵花子等。

芹菜薏米粥

准备时间: 30分钟; 烹饪时间: 30分钟; 难易指数: ★★

营养食材

芹菜 50 克

薏米 20 克

大米 50 克

香油 5 克

开胃做法

①芹菜洗净, 切丁; 薏米和大米洗净, 浸泡半小时。

②锅内加水, 放入薏米和大米, 大火烧沸后改小火。

③待粥煮熟时, 放入芹菜丁, 加香油, 略煮片刻即可。

吃了快快长

薏米的营养价值很高, 含有丰富的**淀粉**、**钾**、**铁**、**硒**等, 和大米搭配煮粥, 营养互补。

这个时期的宝宝, 大部分处于咀嚼期, 相比于软烂、过稀的粥, 浓稠、带颗粒的米粥, 更能满足宝宝锻炼咀嚼能力的需求。

莲子绿豆粥

准备时间: 1小时; 烹饪时间: 30分钟; 难易指数: ★★

营养食材

绿豆 20 克

大米 30 克

莲子 20 克

开胃做法

①绿豆、大米淘洗干净; 莲子洗净。

②将绿豆和莲子放在带盖的容器内,加入适量温开水泡1小时。

③将泡好的绿豆、莲子放锅中, 加适量水烧开, 再加入大米, 用
小火煮至豆烂粥稠即可。

吃了快快长

绿豆属于杂粮, 富含**淀粉、蛋白质、B族维生素、膳食纤维**等。莲子含有丰富的**淀
粉、蛋白质、钾、钙**等。炎热的夏季, 宝宝出汗多, 水分损失大, 可用莲子绿豆粥来
补充营养和水分。

可以适量给宝宝喝点杂
粮或杂豆粥,但要注意煮
烂,以利于消化吸收。

山药、南瓜也可以蒸熟了直接给宝宝吃。在宝宝进食时，最好不要对宝宝讲太多话，尤其不要逗宝宝，以免噎食。

芦笋煮汤味道鲜美，但有的宝宝可能会对芦笋过敏，刚开始尝试芦笋，注意观察是否有过敏症状。

山药南瓜汤

准备时间：5分钟；烹饪时间：25分钟；难易指数：★★

营养食材

山药 50 克

南瓜 50 克

开胃做法

①山药、南瓜削皮后，切成大小适中的块。

②锅内倒入清水，放入山药和南瓜，大火烧开后转小火，继续煮20分钟，至山药和南瓜软烂即可。

吃了快快长

山药属于薯类，含有丰富的**淀粉**、**钾**等，南瓜富含**钾**、β - **胡萝卜素**等，山药南瓜汤可以给宝宝补充能量和水分。

芦笋鸡丝汤

准备时间：30分钟；烹饪时间：20分钟；难易指数：★★

营养食材

芦笋 50 克

鸡肉 50 克

金针菇 20 克

鸡蛋 1 个

盐 0.5 克

香油 5 克

开胃做法

①鸡蛋取蛋清；鸡肉洗净，切丝，用蛋清、盐拌匀，腌20分钟。

②芦笋洗净，沥干，切段；金针菇去根，撕开，洗净，沥干。

③锅中放入清水，加鸡肉丝、芦笋、金针菇同煮至熟，出锅时淋香油即可。

吃了快快长

芦笋含一定的**钾**、**维生素C**等，还含有一定的**膳食纤维**等。鸡肉含有丰富的**蛋白质**、**铁**等营养素。

西蓝花的梗比较硬，烹煮前可将底部的表皮去掉或家长自己食用。

鹌鹑蛋要捣碎后再给宝宝吃，不要让宝宝自己拿着整个鹌鹑蛋吃，以免噎食。

西蓝花鱼丸汤

准备时间: 5分钟; 烹饪时间: 15分钟; 难易指数: ★★

营养食材

鱼丸 6 颗

西蓝花 20 克

胡萝卜 1/2 根

盐 0.5 克

植物油适量

开胃做法

①胡萝卜去皮、洗净、切丁; 西蓝花洗净, 掰小朵。

②油锅烧热, 倒入胡萝卜丁, 翻炒至熟, 加水烧沸。

③放入鱼丸、西蓝花, 熟后加盐调味即可。

吃了快快长

鱼丸通常没刺, 含有丰富的**蛋白质**, 适合幼儿食用。西蓝花含有丰富的**钙、钾、镁、维生素C、膳食纤维**等, 还含有较高的**β-胡萝卜素**。

蘑菇鹌鹑蛋汤

准备时间: 15分钟; 烹饪时间: 15分钟; 难易指数: ★

营养食材

蘑菇 50 克

鹌鹑蛋 3 个

青菜 2 棵

植物油适量

盐 0.5 克

开胃做法

①蘑菇洗净, 切小块; 青菜洗净, 切成小段; 鹌鹑蛋煮熟, 去壳。

②油锅烧热, 放入蘑菇煸炒, 然后加入清水, 煮开后放入青菜段、鹌鹑蛋再煮 3 分钟, 加盐调味即可。

吃了快快长

鹌鹑蛋营养价值与鸡蛋类似, 含有丰富的**蛋白质、铁、锌、硒、B族维生素、维生素A**等, 与蘑菇搭配, 营养更加均衡。

补钙补铁
长高食谱

鸡蛋吃法多种多样，最常见的煮蛋、蒸蛋、炒蛋、蛋汤等，对宝宝来说，都是不错的选择，易于宝宝消化吸收。1~2岁的宝宝，每天可以安排1/2~1个鸡蛋，同时注意肉类、鱼虾的摄入。

买回新鲜的猪肝后，一定要先用流动的水冲洗干净，然后放在水中浸泡30分钟以上再烹饪。烹调的时间也不能太短，至少是完全煮熟了才能给宝宝食用。

牛肉鸡蛋粥

准备时间: 30分钟; 烹饪时间: 45分钟; 难易指数: ★★

营养食材

牛里脊肉 50 克

鸡蛋 1 个

大米 50 克

开胃做法

①大米淘洗干净, 浸泡 30 分钟。

②牛里脊肉洗净, 切末; 鸡蛋打散。

③将大米放入锅中, 加水, 大火煮沸, 放入牛里脊肉末, 同煮至熟, 淋入鸡蛋液稍煮即可。

吃了快快长

牛肉鸡蛋粥含有丰富的**碳水化合物、蛋白质、卵磷脂、铁、锌**等, 其中丰富的铁可以预防宝宝的缺铁性贫血。根据《中国居民膳食营养素参考摄入量(2013版)》, 7~12月龄的宝宝每天推荐摄入10毫克铁, 1~3岁的宝宝每天推荐摄入9毫克铁。宝宝如果要获得充足的铁, 就要注意摄入富含铁的食物。

洋葱炒猪肝

准备时间: 30分钟; 烹饪时间: 15分钟; 难易指数: ★★

营养食材

猪肝 50 克

洋葱 25 克

鸡蛋 1 个

盐 0.5~1 克

白糖少许

水淀粉适量

植物油适量

开胃做法

①猪肝洗净, 切丝; 洋葱去皮, 洗净, 切丝; 鸡蛋取蛋清。

②猪肝丝中加入蛋清、盐、白糖、水淀粉搅拌均匀。

③油锅烧热, 放入猪肝丝、洋葱丝煸炒至熟即可。

吃了快快长

猪肝含有丰富的**铁、锌、维生素A**等, 其中含铁可达22.6毫克/100克, 所含的铁为**血红素铁**, 人体吸收率在30%以上, 是补铁的良好食材, 但考虑到安全性问题, 每周给宝宝安排1~2次肝类即可, 包括鸡肝、鸭肝等。

猪肉荠菜馄饨

准备时间: 30 分钟; 烹饪时间: 20 分钟; 难易指数: ★★★

营养食材

猪瘦肉 100 克

馄饨皮 10 张

荠菜 50 克

盐 0.5 克

香油少许

开胃做法

①猪瘦肉和荠菜洗净剁碎, 加盐拌成馅。

②馄饨皮包入馅, 包成馄饨。

③在沸水中下入馄饨, 加一次冷水, 待再沸后捞起, 放在碗中, 淋上香油即可。

吃了快快长

猪瘦肉含**铁**丰富, 荠菜含**铁**也很丰富, 荠菜还含有**维生素C**, 有利于促进铁的吸收。猪肉荠菜馄饨营养比较均衡, 有利于摄入充足的蛋白质, 预防宝宝缺铁。

日常补铁主要通过动物瘦肉、鱼, 还有动物肝脏、动物血等。植物来源的铁吸收率虽然不高, 但绿叶蔬菜中的维生素C有利于促进植物来源的铁的吸收。

滑子菇炖肉丸

准备时间: 30分钟; 烹饪时间: 20分钟; 难易指数: ★★★

营养食材

滑子菇 100 克

猪肉末 100 克

胡萝卜 10 克

盐 0.5 ~ 1 克

面粉适量

香油少许

开胃做法

①滑子菇洗净; 胡萝卜洗净, 切片; 猪肉末加盐、面粉, 搅拌均匀, 做成肉丸。

②锅中加入清水, 烧沸后下肉丸, 小火煮开, 再放入滑子菇、胡萝卜片, 煮熟后, 加入香油即可。

吃了快快长

滑子菇炖肉丸将菌菇与肉丸相结合, 让宝宝吃到美味的同时, 又能起到补**铁**的作用。妈妈可以举一反三, 搭配菠菜、黑木耳等。

需要提醒的是, 肉类营养价值高, 但也不是说吃得越多越好, 适量摄入有益于健康, 同时要注意监测宝宝的发育情况, 避免超重或肥胖。

鸡肝粥

准备时间: 30分钟; 烹饪时间: 30分钟; 难易指数: ★★★

营养食材
鸡肝 15 克
大米 50 克

开胃做法
①鸡肝浸泡,洗净,汆水后切碎;大米淘洗干净,浸泡半小时。
②将大米放入锅中,加适量水,大火煮沸,放入鸡肝,同煮至熟即可。

吃了快快长
鸡肝富含**维生素A**和**铁、锌、铜**等营养素,而且鲜嫩可口,与大米同煮,不但能促进宝宝牙齿和骨骼的发育,还能为宝宝的视力发育提供良好的帮助。

鸡肝的安全性比猪肝要高,可为宝宝优先选用。

胡萝卜猪肉汤

准备时间: 10分钟; 烹饪时间: 20分钟; 难易指数: ★★

营养食材

胡萝卜 100 克

猪瘦肉 50 克

盐 0.5 克

植物油适量

开胃做法

①猪瘦肉洗净, 切丁, 汆水; 胡萝卜洗净, 切成小块。

②油锅烧热, 加入猪瘦肉炒至六成熟, 然后加入胡萝卜块同炒, 倒入清水, 小火煮至食材熟烂, 加盐调味即可。

吃了快快长

胡萝卜猪肉汤含有丰富的 β−胡萝卜素、蛋白质、碳水化合物、钙、磷、铁、维生素C等多种营养成分, 其中, 猪肉是常用的补铁食材。

宝宝的肠胃发育还不是很健全, 纯肉汤对宝宝来说偏油腻, 妈妈要把汤上面的油去掉后再给宝宝喝。

227

补锌

芥菜干贝汤

准备时间: 30分钟; 烹饪时间: 15分钟; 难易指数: ★★

营养食材

芥菜 50 克

干贝 5~7 个

香油少许

开胃做法

①芥菜洗净切段; 干贝用温开水提前浸泡, 入沸水锅煮软, 捞出。

②锅中加清水, 加入芥菜段、干贝肉, 稍煮入味, 最后放入香油调味即可。

吃了快快长

芥菜干贝汤的营养十分丰富, 其中干贝属于高**蛋白质**食材, 还含有丰富的**锌、铁、硒**等多种营养物质。

扇贝肉干制后即是"干贝", 干贝本身极富鲜味, 烹制时不宜放盐, 以免味道过重。

海鲜炒饭

准备时间：15分钟；烹饪时间：10分钟；难易指数：★★★

营养食材

米饭 1 碗
鸡蛋 1 个
虾仁 5 个
蛏干 20 克
盐 0.5 克
干淀粉适量
植物油适量

开胃做法

①鸡蛋打散，分蛋清和蛋黄；虾仁加干淀粉，与部分蛋清拌匀，余水捞出；蛏干洗净，切碎。

②油锅烧热，将蛋黄煎成蛋皮，切丝。

③另起一锅，放油烧热，将剩余蛋清、蛏干、虾仁拌炒，最后加入米饭炒匀，加盐调味。

④盛入碗内，拌入蛋丝即可。

吃了快快长

蛏干含丰富的**锌**、**铁**、**硒**等微量元素，是补充营养的良好食材，且脂肪含量比较低。海鲜炒饭味道特别鲜美，能刺激宝宝食欲。

不少妈妈担心宝宝缺锌，盲目给宝宝选用补锌制剂，其实，如果饮食安排恰当，宝宝可以通过食物来获得充足的锌。

一定要买活的蛤蜊，用手触碰外壳，能马上紧闭的，就是鲜活的。

加了柠檬汁的鳕鱼肉，腥味减淡，更容易被宝宝接受，但最好在宝宝1岁后再给他尝试柠檬汁。每周可以给宝宝安排1~2次鳕鱼。

冬瓜蛤蜊汤

准备时间: 5分钟; 烹饪时间: 20分钟; 难易指数: ★★

营养食材

青菜 25 克

冬瓜 25 克

蛤蜊肉 50 克

盐 0.5 克

开胃做法

①冬瓜洗净、去皮、去瓤, 切片; 青菜洗净, 切段。

②锅内加适量清水, 放入蛤蜊肉、青菜段和冬瓜片, 煮熟后加盐调味即可。

吃了快快长

蛤蜊肉嫩味鲜, 富含**蛋白质、锌、铁、硒**等, 每100克蛤蜊肉含有54.3微克的硒, 有利于增强宝宝的免疫力。

柠檬煎鳕鱼

准备时间: 10分钟; 烹饪时间: 20分钟; 难易指数: ★★

营养食材

鳕鱼肉 1 块

柠檬 1 个

鸡蛋 1 个

盐 0.5 克

水淀粉适量

植物油适量

开胃做法

①柠檬洗净, 去皮榨汁; 将鳕鱼清洗干净, 切小块, 加入盐、柠檬汁腌制片刻; 鸡蛋取蛋清。

②将腌制好的鳕鱼块裹上蛋清和水淀粉。

③油锅烧热, 放入鳕鱼, 煎至两面金黄即可。

吃了快快长

鳕鱼属于低脂高**蛋白质**食材, 所含脂肪主要为**不饱和脂肪酸**, 如EPA和DHA, 还含丰富的**硒**等。

在给宝宝吃松仁时，一定要将松仁碾碎，以免噎食。

研究表明，充足营养是改善脑细胞并使它功能增强的因素之一，尽量为宝宝选择一些益智健脑的食品，如核桃仁、鱼、虾等。

松仁海带

准备时间: 5分钟; 烹饪时间: 15分钟; 难易指数: ★★

营养食材

松仁 20 克

海带 50 克

开胃做法

①松仁洗净; 海带洗净, 切成细丝。

②锅内放入水、松仁、海带丝, 用小火煨熟即可。

吃了快快长

松仁含有丰富的**不饱和脂肪酸、锌、铁、钙**, 海带中含有丰富的**硒**, 硒属于微量元素, 具有抗氧化、增强免疫力、促进生长等作用。

清烧鳕鱼

准备时间: 15分钟; 烹饪时间: 20分钟; 难易指数: ★★★

营养食材

鳕鱼肉 80 克

姜末适量

葱花适量

植物油适量

开胃做法

①鳕鱼肉洗净、切小块, 用姜末腌制。

②将鳕鱼块入油锅煎片刻, 加入适量水, 加盖煮熟, 撒上葱花即可。

吃了快快长

鳕鱼是优质**蛋白质**和**硒、钙**的良好来源, 特别是含有的**不饱和脂肪酸**, 对宝宝大脑和眼睛的发育有利。

虾仁豆腐

准备时间: 5分钟; 烹饪时间: 20分钟; 难易指数: ★★

营养食材

北豆腐 50 克

虾仁 5 ~ 10 个

盐少量

植物油适量

不少妈妈担心宝宝缺钙, 就给宝宝补充钙剂。其实, 还是建议通过食物来获得充足的钙, 奶类、豆腐、芝麻酱、绿叶蔬菜、西蓝花等都是不错的补钙产品。

开胃做法

①北豆腐洗净、切丁; 虾仁洗净, 去虾线。

②油锅烧热, 放虾仁炒熟, 再放豆腐丁同炒, 加少量水煮熟, 放盐即可。

吃了快快长

虾仁和豆腐含有丰富的**蛋白质**和**钙**, 营养价值很高, 每100克北豆腐中的钙更是达到164毫克, 是补钙的良好食材, 有利于宝宝骨骼和牙齿的发育。

奶香娃娃菜

准备时间: 5分钟; 烹饪时间: 15分钟; 难易指数: ★★

营养食材

娃娃菜 1/2 棵

牛奶 20 毫升

盐少量

干淀粉适量

植物油适量

开胃做法

①娃娃菜洗净, 切小段; 牛奶倒入干淀粉中搅匀。

②油锅烧热, 倒入娃娃菜, 再加些水, 烧至七八成熟。

③倒入调好的牛奶汁, 再烧开, 加少量盐即可。

吃了快快长

牛奶中的**钙**容易被人体吸收, 是给宝宝补钙的首选食材, 娃娃菜也是钙的良好来源之一, 每100克娃娃菜含有78毫克的钙。

蔬菜中含钙丰富的食材包括绿叶蔬菜、西蓝花、娃娃菜、大白菜等。注意变换花样, 让宝宝养成吃蔬菜的习惯非常重要。

奶酪是宝宝的补钙佳品，但要选购低盐、少添加物的奶酪，注意看食品配料表。

即使断奶后也要保证宝宝进食牛奶、奶酪、豆腐、芝麻等，如果给宝宝的饮食搭配合理，就可以让宝宝获得充足的钙，不需要再额外补钙。

番茄奶酪三明治

准备时间: 5分钟; 烹饪时间: 5分钟; 难易指数: ★

营养食材

吐司 2 片

生菜叶 2 片

番茄 1 个

奶酪 2 片

开胃做法

①生菜叶洗净; 番茄洗净, 切片。

②在一片吐司上依次铺上生菜叶、番茄片、奶酪, 盖上另一片吐司, 对角切开即可。

吃了快快长

奶酪是含**钙**量较高的食材, 每10克奶酪含钙量可达80毫克。1岁以后的宝宝, 不愿意喝奶或喝奶量较少, 不妨安排点奶酪, 补充**蛋白质**和**钙**。

芝麻酱拌面

准备时间: 10分钟; 烹饪时间: 20分钟; 难易指数: ★★

营养食材

面条 100 克

黄瓜 1/2 根

芝麻酱适量

香油适量

白芝麻少许

花生仁少许

植物油适量

开胃做法

①黄瓜洗净, 切丝; 混合芝麻酱和香油, 调成酱汁。

②油锅烧热, 小火翻炒白芝麻、花生仁至出香味, 盛出碾碎备用。

③面条放入沸水中, 煮熟后过凉沥干, 盛盘。

④将酱汁淋在面上, 撒上黄瓜丝、花生芝麻碎即可。

吃了快快长

芝麻酱中含有丰富的**钙**, 每10克芝麻酱含钙量高达117毫克, 超过100毫升纯奶的含钙量。芝麻酱日常可以当调味料使用, 有助于宝宝摄入钙。

补钙有助于健齿护牙，但仅仅通过补钙是不够的，要让宝宝养成良好的饮食、卫生习惯，少吃含糖高的食物，每天按时刷牙。

香菇中含有一定量的维生素D原，与豆腐搭配，可促进钙的吸收。

南瓜虾皮汤

准备时间: 10分钟; 烹饪时间: 10分钟; 难易指数: ★

营养食材

南瓜 100 克

虾皮 25 克

盐少许

植物油适量

开胃做法

①将南瓜洗净, 去皮, 去瓤, 切成薄片; 虾皮淘洗干净。

②锅内放油烧热, 放入南瓜片爆炒几下, 加入清水和虾皮。

③南瓜煮烂时, 加入盐调味即可。

吃了快快长

虾皮中**钙、磷**的含量很丰富, 素有"钙库"之称, 搭配南瓜做汤, 营养更全面, 口感也更丰富, 是宝宝喜爱的一道辅食。

香菇豆腐塔

准备时间: 10分钟; 烹饪时间: 15分钟; 难易指数: ★★

营养食材

豆腐 1 块

香菇 3 朵

冬笋 20 克

高汤适量

盐少许

植物油适量

开胃做法

①香菇洗净, 去蒂, 切片; 冬笋洗净, 切片。

②将豆腐切块, 待锅中水烧开后下豆腐焯烫, 捞出备用。

③油锅烧热, 依次加入香菇片、冬笋片翻炒, 下豆腐块, 加高汤烧煮片刻, 加盐调味即可。

吃了快快长

豆腐富含**钙、蛋白质**和其他人体必需的多种微量元素。香菇富含**B族维生素、铁、钾、维生素D原**(人体摄入后经适当的日光浴可转成**维生素D**), 能促进钙的吸收。

全谷类如燕麦等，带子的水
果如猕猴桃、火龙果等都有
利于通便。水果酸奶全麦
吐司适合1.5岁以上的宝宝。

便秘的发生常常由膳食纤维摄
入不足导致，过多的食用肉类、
蛋类、精细的谷类，缺少蔬菜、
水果、全谷类，是一个重要原因。

水果酸奶全麦吐司

准备时间: 5分钟; 烹饪时间: 5分钟; 难易指数: ★

营养食材

全麦吐司2片

酸奶1杯

草莓适量

哈密瓜适量

猕猴桃适量

开胃做法

①将全麦吐司切成方丁。

②草莓洗净, 切小块; 哈密瓜、猕猴桃洗净, 去皮, 切成小块。

③将酸奶倒入碗中, 再加入全麦吐司丁、水果丁, 搅拌均匀即可。

吃了快快长

水果酸奶全麦吐司含有丰富的**膳食纤维**, 有利于预防宝宝便秘。

什锦燕麦片

准备时间: 5分钟; 烹饪时间: 10分钟; 难易指数: ★★

营养食材

即食燕麦片50克

核桃仁20克

杏仁10克

葡萄干10克

榛子10克

配方奶适量

开胃做法

①将榛子、杏仁、核桃仁、葡萄干剁碎。

②用配方奶冲泡即食燕麦片, 并加入坚果碎、干果碎即可。

吃了快快长

燕麦富含**膳食纤维**, 与富含**油脂**和膳食纤维的核桃、杏仁制作成的什锦燕麦片, 更有利于预防和缓解宝宝便秘。

胡萝卜、西蓝花、银耳搭配，颜色丰富，有嚼劲，可以锻炼宝宝的咀嚼能力。

玉米优先选择水果玉米，可剥成粒打碎给宝宝食用。

素三脆

准备时间: 30分钟; 烹饪时间: 15分钟; 难易指数: ★★

营养食材

银耳 30 克

胡萝卜 50 克

西蓝花 100 克

香油少许

植物油适量

开胃做法

①银耳泡发,剪去老根,择成小朵;胡萝卜洗净,切丁;西蓝花洗净,择成小朵,焯熟。

②锅内加水烧热,煮熟银耳,取出备用。

③油锅烧热,放入西蓝花、胡萝卜翻炒片刻,拌炒至匀后,与银耳一起盛入碗内,淋入香油。

吃了快快长

胡萝卜富含 β-**胡萝卜素**,在体内可转化为**维生素A**,有利于保护宝宝视力。素三脆中还富含**膳食纤维**,适合便秘的宝宝食用。

苹果玉米汤

准备时间: 5分钟; 烹饪时间: 50分钟; 难易指数: ★★

营养食材

苹果 1/2 个

玉米 1/2 根

开胃做法

①苹果洗净,去皮、去核,切块;玉米洗净后,切成块。

②把玉米、苹果放入汤锅中,加适量水,大火煮开,再转小火煲40分钟即可。

吃了快快长

苹果可以煮熟给宝宝食用,尤其是冬天天冷时,和**膳食纤维**丰富的玉米搭配,可预防宝宝便秘。

蜂蜜炖梨

准备时间: 5分钟; 烹饪时间: 15分钟; 难易指数: ★★

营养食材

梨1个

蜂蜜5~10克

开胃做法

①梨洗净、去皮、去核、切块。

②锅内加少量水, 放入梨块, 大火煮开后转
小火, 炖10分钟, 加入蜂蜜拌匀即可。

吃了快快长

研究表明, 服用蜂蜜减少夜间咳嗽频率和严重程度的效果, 比服
用止咳糖浆还要好一些。宝宝咳嗽, 需要用蜂蜜时, 最好直接服用,
或者加少量水服用, 也可以给宝宝食用蜂蜜炖梨。注意1岁以内
的宝宝不宜吃蜂蜜。

咳嗽是人体的一种保护机制,
是在清理呼吸道黏膜受损后产
生的分泌物, 假如宝宝一咳嗽
就给他用止咳药, 就会破坏这
种机制。轻微的咳嗽, 最好
先用饮食调理帮助宝宝度过。

蜂蜜柚子汁

准备时间: 5分钟; 烹饪时间: 10分钟; 难易指数: ★

营养食材

柚子 1 瓣

蜂蜜 5 ~ 10 克

开胃做法

①柚子去皮、取果肉,切小块后倒入锅中,加水没过,大火煮沸后转小火,煮 3 分钟左右。

②煮好的柚子汁倒入杯中,待水温降至微烫时,拌入蜂蜜即可。

吃了快快长

蜂蜜具有止咳的作用,如果宝宝不愿意直接服用蜂蜜,可以试试用蜂蜜柚子汁等改善口味,但要尽量减少加水的量。

蜂蜜营养丰富,但引入的时间不能过早,也不能太早给宝宝喝果汁,在宝宝1岁后可以少量尝试。

参考资料

[1] 斯蒂文·谢尔弗.美国儿科学会育儿百科（第6版）[M].陈铭宇，周莉，池丽叶，译.北京：北京科学技术出版社，2016.

[2] 杨月欣，王光亚，潘兴昌.中国食物成分表（第2版）[M].北京：北京大学医学出版社，2009.

[3] 中国营养学会.中国居民膳食指南2016[M].北京：人民卫生出版社，2016.

[4] 刘长伟.刘长伟 母乳喂养到辅食添加[M].南京：江苏凤凰科学技术出版社，2016.

[5] 中国营养学会.食物与健康——科学证据共识[M].北京：人民卫生出版社，2016.